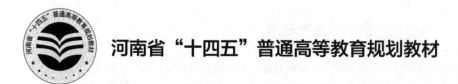 河南省"十四五"普通高等教育规划教材

人工智能基础

主　编　王东云　刘新玉

副主编　谢　行　陈　祥

　　　　薛　凡　黄安穴

电子工业出版社·

Publishing House of Electronics Industry

北京·BEIJING

内 容 简 介

本书主要针对大学低年级学生，讲解人工智能基础知识，帮助初入校大学生了解人工智能的概念，掌握人工智能应用技术，进而独立创作完成人工智能相关作品。本书包含了人工智能导引、人工智能基础知识、灯光的智能控制、交通灯的智能识别、文字的智能处理、图像的智能辨识、语音的智能辨识、人机的智能交互、无人驾驶、智能 3D 打印等方面的知识，注重培养学生的创造思维、数字化学习与创新意识、动手实践能力，树立其正确的信息时代社会责任感。

本书可作为高等学校通识课程的人工智能课程教材，也适合非电类低年级本科生对人工智能入门知识的学习。

图书在版编目（CIP）数据

人工智能基础 / 王东云，刘新玉主编. —北京：电子工业出版社，2020.9
ISBN 978-7-121-39613-7

Ⅰ. ①人… Ⅱ. ①王… ②刘… Ⅲ. ①人工智能－高等学校－教材 Ⅳ. ①TP18

中国版本图书馆 CIP 数据核字（2020）第 178883 号

责任编辑： 祁玉芹
印　　刷： 中国电影出版社印刷厂
装　　订： 中国电影出版社印刷厂
出版发行： 电子工业出版社
　　　　　 北京市海淀区万寿路 173 信箱　邮编：100036
开　　本： 787×1092　1/16　印张：15.5　字数：377 千字
版　　次： 2020 年 9 月第 1 版
印　　次： 2021 年 8 月第 2 次印刷
定　　价： 49.80 元

凡所购买电子工业出版社图书有缺损问题，请向购买书店调换。若书店售缺，请与本社发行部联系，联系及邮购电话：（010）88254888，88258888。

质量投诉请发邮件至 zlts@phei.com.cn，盗版侵权举报请发邮件至 dbqq@phei.com.cn。

本书咨询联系方式：qiyuqin@phei.com.cn。

前言

随着计算机技术、大数据科学以及深度计算理论的发展，人工智能已广泛应用于各行各业，把人工智能技术作为大学教育的通识课程，已经成为各高等学校的通行做法。但如何开设面向所有专业的人工智能课程，这是一件具有挑战性的教学改革课题。本书的作者们在总结多年来人工智能相关领域科学研究的基础上，结合通识课程的要求，编写了这本书。这是一个有意义的尝试。

在本书编写的过程中，主要的指导思想是：一是利用一个小的实验来解释某一个人工智能方面的理论与应用，同时通过学做一体的教学方式，使得非工程类（如艺术类、文科类）专业的学生在学习的过程中不至于枯燥无味，从而获得好的学习效果；二是为了满足工程类专业的需要，在本书中加入了"智能计算技术"一章，其中介绍了典型的智能计算方法和应用——这些智能计算技术是本书作者在多年的工程应用中经常使用的，从而使这门课程具有很强的实用性；三是本书能和计算机基础课程对接，在不增加学时、学分的同时，又能很好地融入原有的作为通识课的计算机基础课，这也是本书编写的初衷。

本书总共 11 章，其中第 11 章"智能计算技术"可作为选修章节，非工程类专业可以不修。因此这本书可作为高等学校通识课程类的人工智能课程教材。

本书由黄淮学院王东云和刘新玉主编，谢行、陈祥、薛凡、黄安穴、尹鸿坦、李艳参与了部分章节的编写工作。具体分工为：王东云编写了第 2、11 章，并对全书进行了统稿；刘新玉编写了第 3、8、9 章；谢行编写了第 4、5、6 章；陈祥编写了第 1、7 章；薛凡和尹鸿坦共同编写了第 10 章；黄安穴和李艳绘制了全书的插图。本书在编写过程中参考了国内外有关的著作和文献，在此对这些文献的作者一并致谢。

术业有专攻。在编写过程中，难免存在遗漏和不当之处，请广大读者不吝批评赐教。

本书是黄淮学院"十三五"规划教材，受黄淮学院项目资金支助。

2020.8

目 录

第1章　人工智能导引 ……………………………………………………………… 1

　1.1　人工智能的背景 ………………………………………………………… 1
　　1.1.1　什么是人工智能 …………………………………………………… 1
　　1.1.2　人工智能的诞生：模仿人类行为与思考 ………………………… 2
　1.2　人工智能的前世今生 …………………………………………………… 4
　　1.2.1　人工智能的基础 …………………………………………………… 4
　　1.2.2　人工智能的历史 …………………………………………………… 8
　　1.2.3　人工智能的研究现状 ……………………………………………… 9
　1.3　人工智能的应用 ………………………………………………………… 12
　　1.3.1　人工智能的应用问题 ……………………………………………… 12
　　1.3.2　人工智能的应用特征 ……………………………………………… 13
　　1.3.3　人工智能的应用现状与未来 ……………………………………… 15
　1.4　人工智能的目标 ………………………………………………………… 19
　思考题 ………………………………………………………………………… 20

第2章　人工智能基础知识 …………………………………………………………… 21

　2.1　机器人 …………………………………………………………………… 21
　　2.1.1　初识机器人 ………………………………………………………… 21
　　2.1.2　机器人的结构组成 ………………………………………………… 22
　2.2　机器学习 ………………………………………………………………… 23
　　2.2.1　什么是机器学习 …………………………………………………… 23
　　2.2.2　机器学习的算法 …………………………………………………… 24
　2.3　人工神经网络 …………………………………………………………… 26
　2.4　计算机视觉 ……………………………………………………………… 30

2.5 自然语言处理 ··· 32

2.6 群体智能 ·· 34

2.7 人机交互 ·· 35

2.8 增材制造 ·· 36

2.9 大数据 ··· 38

2.10 虚拟现实 ·· 40

思考题 ··· 41

第 3 章　灯光的智能控制 ··· 42

3.1 车灯的控制原理 ··· 42

3.2 编程环境的配置 ··· 43

 3.2.1 硬件模块的组成 ·· 43

 3.2.2 软件环境的配置 ·· 55

3.3 点亮小车车灯 ·· 59

 3.3.1 什么是程序 ··· 59

 3.3.2 小车车灯的点亮编程步骤 ····································· 59

 3.3.3 小车车灯的熄灭编程步骤 ····································· 62

3.4 扩展：制作一个流水灯 ·· 63

 3.4.1 什么是流水灯 ··· 63

 3.4.2 流水灯的核心指令 ··· 63

 3.4.3 制作流水灯的编程步骤 ·· 64

思考题 ··· 66

第 4 章　交通灯的智能识别 ··· 67

4.1 交通灯的识别原理 ·· 67

4.2 颜色传感器 ··· 69

4.3 让小车智能识别红绿灯 ·· 69

 4.3.1 主要材料准备 ··· 69

 4.3.2 硬件组装 ··· 70

 4.3.3 小车识别红绿灯的编程步骤 ·································· 70

 4.3.4 效果展示 ··· 78

4.4 扩展：制作一个颜色辨识器 ··· 78

 4.4.1 制作颜色辨识器的任务描述 ·································· 78

 4.4.2 硬件组装 ··· 79

　　　4.4.3　颜色辨识器的编程步骤 ································· 79

　　思考题 ·· 84

第 5 章　文字的智能处理 ·· 85

　5.1　文本识别原理 ·· 85

　5.2　文本解析的实现 ·· 86

　5.3　基于文本信息的小车控制 ·· 88

　　　5.3.1　主要材料准备 ·· 88

　　　5.3.2　硬件组装 ··· 88

　　　5.3.3　文本信息识别的编程步骤 ·· 89

　5.4　扩展：多文本信息的连续控制 ·· 94

　　　5.4.1　多文本解析的任务描述 ·· 94

　　　5.4.2　硬件组装 ··· 94

　　　5.4.3　多文本解析的编程步骤 ·· 94

　　思考题 ·· 99

第 6 章　图像的智能辨识 ·· 100

　6.1　图像识别原理 ·· 100

　6.2　路标形状识别 ·· 101

　6.3　让小车看懂路标 ·· 106

　　　6.3.1　材料准备 ··· 106

　　　6.3.2　材料组装 ··· 107

　　　6.3.3　小车看懂路标的编程步骤 ·· 108

　6.4　扩展：智能停车 ·· 112

　　　6.4.1　智能停车任务描述 ··· 112

　　　6.4.2　硬件组装 ··· 112

　　　6.4.3　智能停车的编程步骤 ·· 112

　　思考题 ·· 116

第 7 章　语音的智能辨识 ·· 117

　7.1　语音辨识原理 ·· 117

　7.2　声音解析实现 ·· 118

　7.3　基于声音的小车控制 ··· 120

7.4　扩展：具有交互功能的声控小车 ⋯⋯⋯⋯⋯⋯⋯⋯⋯⋯⋯⋯⋯ 131

思考题 ⋯⋯⋯⋯⋯⋯⋯⋯⋯⋯⋯⋯⋯⋯⋯⋯⋯⋯⋯⋯⋯⋯⋯⋯⋯⋯⋯ 135

第 8 章　人机的智能交互 ⋯⋯⋯⋯⋯⋯⋯⋯⋯⋯⋯⋯⋯⋯⋯⋯⋯⋯ 136

8.1　人机交互原理 ⋯⋯⋯⋯⋯⋯⋯⋯⋯⋯⋯⋯⋯⋯⋯⋯⋯⋯⋯⋯⋯⋯ 136

8.2　脑机接口技术 ⋯⋯⋯⋯⋯⋯⋯⋯⋯⋯⋯⋯⋯⋯⋯⋯⋯⋯⋯⋯⋯⋯ 137

8.2.1　脑机接口组成 ⋯⋯⋯⋯⋯⋯⋯⋯⋯⋯⋯⋯⋯⋯⋯⋯⋯⋯ 137

8.2.2　脑机接口原理 ⋯⋯⋯⋯⋯⋯⋯⋯⋯⋯⋯⋯⋯⋯⋯⋯⋯⋯ 138

8.3　用思维控制小车的启停 ⋯⋯⋯⋯⋯⋯⋯⋯⋯⋯⋯⋯⋯⋯⋯⋯⋯⋯ 138

8.3.1　什么是信号 ⋯⋯⋯⋯⋯⋯⋯⋯⋯⋯⋯⋯⋯⋯⋯⋯⋯⋯⋯ 139

8.3.2　脑电信号的采集 ⋯⋯⋯⋯⋯⋯⋯⋯⋯⋯⋯⋯⋯⋯⋯⋯⋯ 139

8.3.3　大脑运动意图的解码 ⋯⋯⋯⋯⋯⋯⋯⋯⋯⋯⋯⋯⋯⋯⋯ 140

8.3.4　小车的启停控制程序实现 ⋯⋯⋯⋯⋯⋯⋯⋯⋯⋯⋯⋯⋯ 140

8.4　扩展：智能脑控小车 ⋯⋯⋯⋯⋯⋯⋯⋯⋯⋯⋯⋯⋯⋯⋯⋯⋯⋯⋯ 143

思考题 ⋯⋯⋯⋯⋯⋯⋯⋯⋯⋯⋯⋯⋯⋯⋯⋯⋯⋯⋯⋯⋯⋯⋯⋯⋯⋯⋯ 146

第 9 章　无人驾驶 ⋯⋯⋯⋯⋯⋯⋯⋯⋯⋯⋯⋯⋯⋯⋯⋯⋯⋯⋯⋯⋯ 148

9.1　无人驾驶原理 ⋯⋯⋯⋯⋯⋯⋯⋯⋯⋯⋯⋯⋯⋯⋯⋯⋯⋯⋯⋯⋯⋯ 148

9.2　自动循迹技术 ⋯⋯⋯⋯⋯⋯⋯⋯⋯⋯⋯⋯⋯⋯⋯⋯⋯⋯⋯⋯⋯⋯ 150

9.2.1　自动循迹原理 ⋯⋯⋯⋯⋯⋯⋯⋯⋯⋯⋯⋯⋯⋯⋯⋯⋯⋯ 150

9.2.2　自动循迹组成 ⋯⋯⋯⋯⋯⋯⋯⋯⋯⋯⋯⋯⋯⋯⋯⋯⋯⋯ 150

9.3　智能小车的自动循迹 ⋯⋯⋯⋯⋯⋯⋯⋯⋯⋯⋯⋯⋯⋯⋯⋯⋯⋯⋯ 151

9.3.1　轨迹的检测 ⋯⋯⋯⋯⋯⋯⋯⋯⋯⋯⋯⋯⋯⋯⋯⋯⋯⋯⋯ 151

9.3.2　智能循迹小车的实现 ⋯⋯⋯⋯⋯⋯⋯⋯⋯⋯⋯⋯⋯⋯⋯ 152

9.4　扩展：具有避障功能的自动行驶 ⋯⋯⋯⋯⋯⋯⋯⋯⋯⋯⋯⋯⋯⋯ 156

9.4.1　认识超声波避障 ⋯⋯⋯⋯⋯⋯⋯⋯⋯⋯⋯⋯⋯⋯⋯⋯⋯ 156

9.4.2　超声波避障的实现 ⋯⋯⋯⋯⋯⋯⋯⋯⋯⋯⋯⋯⋯⋯⋯⋯ 157

9.4.3　具有避障功能的自动行驶小车 ⋯⋯⋯⋯⋯⋯⋯⋯⋯⋯⋯ 159

思考题 ⋯⋯⋯⋯⋯⋯⋯⋯⋯⋯⋯⋯⋯⋯⋯⋯⋯⋯⋯⋯⋯⋯⋯⋯⋯⋯⋯ 164

第 10 章　智能 3D 打印 ⋯⋯⋯⋯⋯⋯⋯⋯⋯⋯⋯⋯⋯⋯⋯⋯⋯⋯ 165

10.1　3D 打印实现原理 ⋯⋯⋯⋯⋯⋯⋯⋯⋯⋯⋯⋯⋯⋯⋯⋯⋯⋯⋯⋯ 165

10.2　3D 打印主流技术 ⋯⋯⋯⋯⋯⋯⋯⋯⋯⋯⋯⋯⋯⋯⋯⋯⋯⋯⋯⋯ 166

10.2.1 挤出成型（Material Extrusion） ································· 166

10.2.2 粉床熔融成型（Powder Bed Fusion） ·················· 168

10.2.3 还原光聚合 ··· 169

10.2.4 粘结剂喷射 ··· 170

10.2.5 材料喷射 ··· 170

10.2.6 薄板层压 ··· 171

10.2.7 定向能量沉积 ··· 171

10.3 3D 打印应用领域 ··· 172

10.3.1 快速原型制作和快速制造 ··································· 172

10.3.2 汽车 ··· 173

10.3.3 航空 ··· 173

10.3.4 建筑 ··· 173

10.3.5 医疗 ··· 173

10.3.6 教育 ··· 174

10.3.7 消费产品 ··· 174

10.4 3D 打印实现过程 ··· 175

10.4.1 3D 建模 ··· 175

10.4.2 切片 ··· 176

10.4.3 打印 ··· 176

10.4.4 后期处理 ··· 176

10.5 3D 打印实操案例 ··· 177

10.5.1 SolidWorks 设计软件基本操作 ····························· 177

10.5.2 3D 打印切片及控制系统基本操作 ························· 183

思考题 ··· 195

第 11 章 智能计算技术 ··· 196

11.1 BP 神经网络 ··· 196

11.1.1 BP 神经网络概述 ··· 196

11.1.2 BP 神经网络的学习 ······································· 197

11.1.3 BP 神经网络举例 ··· 201

11.2 Hopfield 神经网络 ··· 207

11.2.1 Hopfield 神经网络的结构 ································· 208

11.2.2 Hopfield 网络求解优化问题的思想 ························· 208

11.2.3 Hopfield 网络求解 FMS 调度问题 ························· 209

11.2.4 旅行商问题（TSP）的 Hopfield 网络求解 ················· 212

11.3　模拟退火算法 216

　　11.3.1　模拟退火算法简介 216

　　11.3.2　基于 Hopfield 优化模型的模拟退火求解算法 218

11.4　遗传算法 219

　　11.4.1　遗传算法简介 219

　　11.4.2　遗传算法举例 221

11.5　粒子群算法 226

　　11.5.1　引言 226

　　11.5.2　改进的 PSO 算法优化 227

　　11.5.3　算法性能准则 228

　　11.5.4　对于有约束优化问题的求解算法 230

　　11.5.5　优化问题应用 230

11.6　支持向量机 231

　　11.6.1　支持向量机简介 231

　　11.6.2　线性分类器 231

　　11.6.3　核函数特征空间 234

　　11.6.4　软间隔优化问题 235

　　11.6.5　支持向量机的多类别分类 236

　　11.6.6　支持向量机的 MATLAB 应用 237

参考文献 238

人工智能导引

1. 了解人工智能产生的背景及图灵测试操作过程。
2. 了解人工智能的知识基础与历史。
3. 了解人工智能的应用问题与应用特征及现状。
4. 了解人工智能的目标及未来发展趋势。

当 AlphaGo 击败人类职业围棋冠军选手李世石的新闻传遍了大街小巷，震惊了一直按部就班生活的人们时，毋庸置疑，又一个变革时代即将开启，人工智能时代来了。科幻电影中的智能场景将成为现实，未来已来！

1.1　人工智能的背景

1.1.1　什么是人工智能

人工智能（Artificial Intelligence，简称 AI），是计算机科学的一个分支，是一门用于研究模拟和拓展人类行为与思考方式的新兴科学技术。

人工智能的概念也可以从名字中"人工"部分和"智能"部分来理解。"人工"比较容易理解，指人力所能及的即可以感知、理解、预测复杂世界的人类行为。"智能"意义较为抽象，它所涉及的问题包含思维、意识、自我等智能特征，还包含学习、推理、思考、规划等智能行为。人工智能的研究也试图利用智能理论、方法及技术，探究代替人类智力行为的科学应用，例如机器视、听、触、感觉及思维方式的模拟，人脸识别，视网膜识别，专家系统，智能搜索，逻辑推理，博弈，信息感应与辨证处理。人工智能技术也被认为是21 世纪三大尖端技术（基因工程、纳米科学、人工智能）之一，如图 1-1 所示。

总的来说，人工智能是一门极为复杂、极具挑战又极具前景的科学。这门科学不仅需要计算机科学知识，还需要心理行为学与哲学等学科知识。

图 1-1　21 世纪三大尖端技术：基因工程、人工智能、纳米科学

1.1.2　人工智能的诞生：模仿人类行为与思考

1956 年的夏天，明斯基、麦卡赛、申农和罗切斯特等一批年轻的优秀科学家聚会一起讨论采用机器来模拟人类智能的一系列特征与行为时，首次提出了"人工智能"这一术语，随后这一术语被其他科学家广泛采用，也标志着"人工智能"这门学科的诞生。

但是在这次聚会之前，计算机之父阿兰•图灵建议与其去争论智能体所需要的能力不如去提供一个可以用来检测人类智能的方法，而且人类智能是相比于其他智能无可争议的智能形式。因此，为了辨别实体智能，阿兰•图灵提出了图灵测试（Turing test），并且首先应用于计算机的能力检测。如果在人类询问者提出一系列书面问题后，人类无法判断答案是否由人答出，那么计算机就通过了测试。

目前，我们为计算机编制的程序要想通过图灵测试还需要做大量的工作。计算机尚需具备的能力主要有：

- 自然语言处理，计算机可以成功与人类进行语言交流；
- 知识表示，计算机可以存储它知道的或听到的信息；
- 自动推理，运用计算机存储的信息回答问题和提取新的结论；
- 机器学习，能适应新的环境并能检测和推断新的模式；
- 计算机视觉，可以感知物体；
- 机器人技术，可以操纵和移动物体。

这六个领域构成了人工智能的主要内容，图灵测试也成为计算机智能发展方向的标志，引领智能技术的发展。图灵测试的操作过程如图 1-2 所示。

图灵测试为我们提供了一个很好的检测模仿人类行为功能的方法。但是计算机能否像人一样思考呢？

我们思考这个问题时，需要深入了解人类思维的真实工作过程。在探索人类思维真实工作过程方面，很多科学家做了大量研究工作，试图寻找模仿人类思考的认知模型方法。目前，有两种常用方法可以达到这个目的，一种是通过捕捉自身思维过程的内省行为；另一种是通过人类心理学的心理测试。

在图灵测试中，人类提问者向两方回答者提出一系列问题。在规定时间内，提问者试图去
判断答案中哪一个是人类回答的，哪一个是计算机回答的。

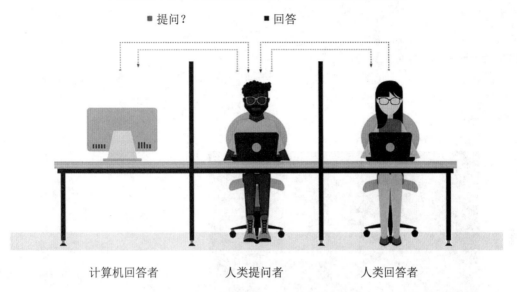

图 1-2　图灵测试操作过程示意图

如果我们获得关于人类思维足够清晰准确的原理知识，那么我们就能够让计算机通过程序来模仿表达。一旦计算机的输入/输出与人类思考前后的行为较为一致，则证明程序是可以按照人类的思考模式进行运转的。甚至，如一些科学家艾伦·纽厄尔、赫伯特·西蒙等，他们并不满足于计算机可以正确地解决问题，而是更加关注计算机解决问题过程中的推理轨迹。他们试图利用计算机所建立的 AI 模型与心理学的实验技术相结合，反过来探究人类思维工作方式理论的认知科学。

现如今，认知科学也随着 AI 获得了快速发展，尤其在机器视觉和自然语言领域。例如，AI 人脸识别，AI 无人驾驶，生产原料纹理识别，批量产品质量缺陷检测及拣取分类。自然语言处理（Natural Language Processing，NLP）是人工智能的一个子领域，也是目前人工智能面临解决的最困难问题之一，如图 1-3 所示。但是，随着语音识别技术的快速发展，智能语音识别产品也如雨后春笋般出现在机器人客户服务、手机应用等中。

图 1-3　自然语言处理（NLP）与聊天机器人

自然语言智能研究的时间从图灵测试出现算起至今已经 60 余年了，但自然语言对话应用的快速发展才刚刚开始。2011 年，苹果 Siri 应用被安装在 iPhone 4S 中，它是第一个成熟应用的比较知名的对话系统，接着微软（Microsoft）开发出了小冰、亚马逊（Amazon）开发出了 Alex。智能语音服务助手、聊天机器人、智能翻译助手、语言学习助手等都是目前人工智能 NLP 领域开发的热门产品。

在智能语音领域，我国科技公司以百度、科大讯飞、华为为代表，发展也非常迅速。应用产品有百度旗下的人工智能助手小度、小米公司旗下的小爱同学、阿里巴巴开发的天猫精灵智能音箱等，如图 1-4 所示。

图 1-4　目前的智能语音服务与智能音箱

1.2　人工智能的前世今生

1.2.1　人工智能的基础

人类智慧的出现改变了这个星球的发展轨迹，文字的出现又让知识积淀能力大大增强，记录下了人类智慧的历史。尽管现代人工智能的能力越来越强大，但是人工智能的渊源来自人类智慧。

1. 哲学

早在 2400 多年前，人类历史上的先贤就已经在深入思考与探索人类智慧。知识从哪里来？知识是如何导致行动的？精神的意识是如何从物质的大脑中产生出来的？直到现在，面对这些深入性的问题，科学家们依然在不断探索、寻求更合理的论证与解释。

亚里士多德（Aristotle，公元前 384—公元前 322）是第一位探究思想意识与理性推理的科学家（见图 1-5），他将三段论用于推理，第一次利用初始条件机械地推导结论。这标志着哲学的诞生。随后，人类在蒙昧中探索了一千多年，直到文艺复兴时期，人类思想又得到了一次大解放。罗蒙（Ramon Lull，?—1315）第一个提出推理可以用机械装置完成。托马斯（Thomas Hobbes，1588—1679）提出推理思维如同数字计算，是"在寂静的思维中加加减减"。在 1500 年左右，达·芬奇（Da Vinci，1452—1519）设计了机械计算器，即使当时未能成功，现在证明达·芬奇的设计也是可行的。

随后世界哲学的发展渐入高潮，涌现出一批优秀的哲学家，如勒内·笛卡儿（Descartes，1596—1650）第一个提出了二元论，将精神意识与物质清晰地区别开来；大卫·休谟（David Hume，1711—1776）提出了沿用至今一直常用的归纳原理，意识终于与知识用逻辑联系起来并且知识可以通过实验抽取，最后精神意识的哲学元素将知识与行动联系起来。因为 AI 智能表现形式不仅需要推理也需要行动，只有明白如何判断行动的正确性，我们才能理解如何构建拥有正确行为、行动的智能体。在这个问题上，亚里士多德辩称行动是通过目标与关于行动结果的知识之间的逻辑联系判定的。在《尼各马科伦理学》（*Nicomanchean Ethics*）一本中也用一个例子解释道：……我需要遮盖物，斗篷是遮盖物，故我需要斗篷。我需要的，我必须制作，我需要斗篷，故我必须制作斗篷。结论"我必须制作斗篷"是一个行动。

亚里士多德

　　两千多年前希腊的哲学家，同时也是科学家。在生物学、生理学、医学等方面都有杰出的贡献。

笛卡儿

法国著名哲学家、物理学家、数学家，二元论的代表，留下名言"我思故我在"。黑格尔称其为"现代哲学之父"。也被誉为"近代科学的始祖"。

图 1-5　世界历史上著名的哲学家亚里士多德与笛卡儿

亚里士多德提出的基于目标的分析在之后的应用中被证明是很有用的，例如，现代回归规划系统的应用已经成功应用在 GPS 程序中。但是目前没有一个解释能够说明当有多个行动可达到目标时，或者没有行动可达到目标时，该如何办？在这种情况下的决策需要为行动制定一个定量规则，这也是现在决策理论中重点研究讨论的。

2. 数学

在上文中，哲学家们给出了 AI 大部分重要思想的标志，例如，意识与理性推理、意识与知识的逻辑联系、意识与行动的联系等。我们在探寻知识从哪里来，知识如何导致行动的哲学问题后，总结了知识学习活动中的归纳原理，基于目标分析、抽取知识与合理结论的方法。

那么如何给出合理结论的形式化规则？什么又可以在形式化规则下被计算呢？

目前，在科学的飞跃发展中，重要基础领域涉及的数学形式化包含逻辑、计算和概率。

数学的思想可以追溯到古希腊文明时期，但是它的快速发展是从乔治·布尔（George Boole，1815—1864）完成命题逻辑也称为布尔逻辑开始的。接着，布尔逻辑被不断扩展，使它包含了对象和关系，此后又进一步将逻辑对象与现实世界对象联系起来。1900 年，大卫·希尔伯特提出了一张问题清单，并成功预言这些问题能让数学家们忙碌近一个世纪。其中最后一个问题是：是否存在一个算法可以判定任何涉及自然数逻辑命题的真实性，这也是著名的可判定性问题（Entscheidungsproblem），或称为判定问题。

1930 年，库特·哥德尔（Kurt Gödel，1906—1978）提出了存在一个有效过程可以证明一阶逻辑中任何真值语句，同时证明了确实存在真实的局限性。他提出的不完备性定理也证明了存在不可判定的真值语句，即问题的不可判定性。

与不可判定性一样困难的问题还包括不可计算性问题，因为有些问题或者有效过程的概念是无法给出形式化定义的。图灵通过图灵机的创造与实验证明，图灵机可以有能力解决任何可计算的问题，但是有一些函数是图灵机不可以计算的，例如没有图灵机可以判断一个给定的程序对于给定的输入是否能返回答案或者永远循环运行下去。

在计算问题的理解方面，不可判定性与不可计算性是其中两个很重要的方面，但是另外一个重要方面即不可操作性有更重要的影响。例如，如果一个问题需要的时间随实例的规模成指数级增长，那么这样的问题则称为是不可操作的。

另外，在逻辑和计算之外，概率思想是数学对 AI 的第三个重要贡献。因为它是对付不确定测量与不完备问题的有效手段。托马斯·贝叶斯（Thomas Bayes，1702—1761）提出了贝叶斯法则，后来拓展的贝叶斯分析方法成为了大多数 AI 系统中不确定推理的现代方法基础，如图1-6 所示。

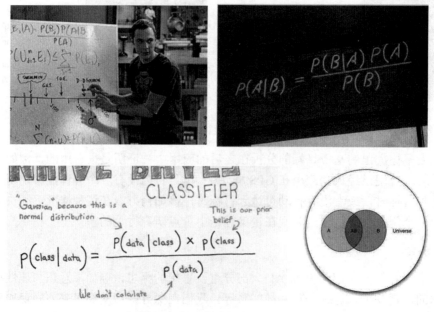

图1-6　贝叶斯分析方法及公式

3. 心理学

随着智能概念研究的不断深入，人类智能与其他智能体的思维区别也被 AI 研究者广泛关注。例如，人类和动物是如何思考和行动的？

心理学的科学起源被认为是从德国人赫尔曼·赫姆霍兹（Hermann Helmholtz，1821—1894）在应用科学方法中运用物理学与生理学来研究人类的视觉开始的。1879 年，赫姆霍兹的助手冯特（Wundt）在莱比锡大学开设了第一座实验心理学的实验室。实验中，实验者们在思考自己思维过程的同时要执行直觉的或者联想的任务。

在心理学的研究中，也分为只研究拒绝任何精神过程的行为主义流派与拥有大脑信息处理的认知心理学流派。在这两个流派的发展中，肯尼思·克雷克（Kenneth Craik，1943）给出了基于知识的智能体的三个关键步骤：（1）刺激必须翻译成内部表示信息传递；（2）认知过程对表示信息进行处理并转换成新的内部表示信息；（3）表示信息最后都会被翻译回到行动上。

现在，心理学家的普遍观点是"认知理论就应该像计算机程序"那样描述详细的信息处理机制进而实现某种认知功能。这个观点也促使了 AI 在发展过程中融合了大量人类认知的信息处理机制，从而使得 AI 具备更多心理特征。

4. 计算机工程

人工智能发展的最终成功必然是智能与智能载体的完美结合。通常，人工智能的智能载体被人类创造为人工制品，计算机就是目前最具代表性的人工制品智能载体。但接下来的问题是，我们如何才能创造出越来越能干的计算机？

现代数字电子计算机的发展是以 1940 年阿兰·图灵发明的第一台可运转的电动机械式计算机为标志的，如图 1-7 所示。其唯一目的是：解密破译德国密码机所发出的消息。从那时起，到 21 世纪初，每一代计算机的性能都几乎能在 18 个月翻一番，这在过去被称为"摩尔定律"。

图 1-7　阿兰·图灵与第一台电动机械式计算机

由于目前计算机所带来的强大计算能力，AI 的开发与应用得以快速发展。

5. 控制论

智能计算机或人工智能制品在拥有各种类人的智慧功能后，人们还希望它能脱离人类的控制依赖，自动或独立自主运转。可是机器怎样才能在自己的控制下自动运转呢？

由于环境在时刻发生变化，机器需要人类不停地调整操作、监督来改变机器与环境的适应性。最初控制论的产生也是为了解决只有活的东西才能修改自身的行为来适应环境的变化这一问题。

第一台实现自我控制的机器诞生于公元前 250 年，亚历山大的凯西比奥建造了一架带有一个调整器的水钟以保持水流以恒定且能够预测的速度来通过。接下来，瓦特发明蒸汽机，并创造了蒸汽机中的节速器，从此机器自我控制来到了快速发展时期。在这个时期，稳定的反馈系统数学理论得到了快速发展。

创造现代控制论的主要人物是诺伯特·维纳（Norbert Wiener，1894—1964）。最初，他和同事为了研究心理学，用控制系统作为心理学模型，观察有目的的行为，试图利用调节机构使"状态误差"最小化。在此之后，维纳产生了对生物与控制系统之间认知联系的兴趣。后来又同电子计算机创始人冯·诺依曼一起探索数学和计算的认知模型，影响广泛。最后，他的著作《控制论》（Cybernetics，1948）还成为了畅销书，激发了人们对可控制机器创造的热情。

现代控制论能够设计令目标函数随时间变化最大化的系统，部分符合了 AI 人工制品的要求。但 AI 和控制论却归属两个不同领域，原因在于控制论的工具多为精确分析，处理对象也多为典型情况下的线性系统。而 AI 逻辑推理与计算工具可以让 AI 研究者处理人类复杂语言、感官视觉、事件规划这类问题，从而摆脱控制理论所用的数学方法的局限性。

1.2.2 人工智能的历史

要想了解人工智能向何处去，首先要知道人工智能从何处来。人工智能被公认为是在 1956 年的夏天诞生的，这源于麦卡锡与明斯基、申农、罗切斯特等一些科学家的聚会研讨。虽然很多科学家认为"计算理性"更能直观地表现这个新领域的研究内容，但由于这次研讨，为这个领域起的新名字——人工智能（AI）变得根深蒂固了。而且 AI 既独立于控制论、运筹学、决策理论，又不是数学的一个分支。原因就在于 AI 诞生的目的是复制人类的创造性、自我修养和语言功能，在当时没有任何一个领域能完全涉及这些问题。在这个目标指引下，AI 发展的历史从目的思想的产生到巨大的期望热情，再到面临巨大的困难，再到发展出众多工业应用，再到 AI 现在成为了科学，时间虽然不像过去数千年人类智慧的发掘那么悠久，但知识的爆炸足够撬动人们对新的未知领域创造出更多成果，人们也对 AI 的开发有了越来越清晰的认识。

通常，人工智能到目前为止的发展历程可以被划分为如下 6 个阶段：

发展起步时期：1956 年—20 世纪 60 年代初。人工智能概念提出后，相继取得了一批令人瞩目的研究成果，如机器定理证明、跳棋程序等，掀起人工智能发展的第一个高潮。

发展反思时期：20 世纪 60 年代—70 年代初。人工智能发展初期的突破性进展大大提升了人们对人工智能的期望，人们开始尝试更具挑战性的任务，并提出了一些不切实际的研发目标。然而，接二连三的失败和预期目标的落空（例如，无法用机器证明两个连续函数之和还是连续函数、机器翻译闹出笑话等），使人工智能的发展走入低谷。

发展应用时期：20 世纪 70 年代初—80 年代中。20 世纪 70 年代出现的专家系统模拟人类专家的知识和经验解决特定领域的问题，实现了人工智能从理论研究走向实际应用、从一般推理策略探讨转向运用专门知识的重大突破。专家系统在医疗、化学、地质等领域取得成功，推动人工智能走入应用发展的新高潮。

发展低迷时期：20 世纪 80 年代中—90 年代中。随着人工智能的应用规模不断扩大，专家系统存在的应用领域狭窄、缺乏常识性知识、知识获取困难、推理方法单一、缺乏分布式功能、难以与现有数据库兼容等问题逐渐暴露出来。

发展稳步时期：20 世纪 90 年代中—2010 年。由于网络技术特别是互联网技术的发展，加速了人工智能的创新研究，促使人工智能技术进一步走向实用化。1997 年，国际商业机器公司（简称 IBM）的深蓝超级计算机战胜了国际象棋世界冠军卡斯帕罗夫，2008 年 IBM 提出"智慧地球"的概念，这些都是这一时期的标志性事件。

发展蓬勃时期：2011 年至今。随着大数据、云计算、互联网、物联网等信息技术的发展，泛在感知数据和图形处理器等计算平台推动以深度神经网络为代表的人工智能技术飞速发展，大幅跨越了科学与应用之间的"技术鸿沟"，诸如图像分类、语音识别、知识问答、人机对弈、无人驾驶等人工智能技术实现了从"不能用、不好用"到"可以用"的技术突破，迎来爆发式增长的新高潮。

伴随着人工智能技术的发展，人工智能产业也经历了诞生阶段、产业化阶段、爆发阶段这三个阶段，如图 1-8 所示。

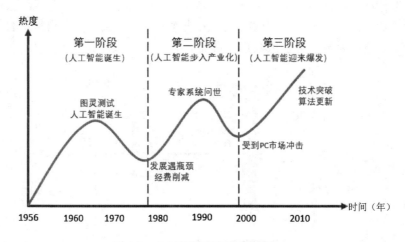

图 1-8　人工智能产业发展历程

1.2.3　人工智能的研究现状

随着人工智能迎来发展蓬勃时期，人工智能被认为是继蒸汽动力机械技术、电力技术与大规模生产、计算机及信息技术革命之后的第四次科技革命核心驱动力。人工智能在目前已经被公认为全新的生产力增长点，对生产结构和生产关系正在产生颠覆性的改变和影响。

人工智能研究目前被分为三大类别：符号主义学派、连接主义学派和行为主义学派，如图 1-9 所示。这些学派跟随着人工智能发展的不同时期也经历着起伏兴衰，它们在争论中完善理论，各自都做出了本学派的重大发现与贡献，但也一直没有哪一个学派或理论能够统一人工智能方面的学术研究。直到今天，这些学术研究依然是人工智能学术发展的最前端，而且它们也在不断深度融合、共同发展。

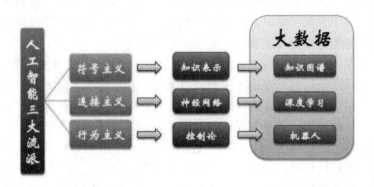

图 1-9　人工智能三大学派核心及大数据技术融合

　　当前，人工智能领域的三个主要研究方向是机器视觉、语音识别和自然语言处理，分别对应于人类的视觉、听觉和语言能力。为了达到强人工智能水平，这些能力是必须的。得益于卷积深度神经网络，机器视觉在近年来已经取得了长足发展，在物体识别准确率和人脸识别准确率上已经达到或者超过了人类水平（如图 1-10 所示）。人工智能在语音识别方面也已经比肩人类水平，识别效率近年来快速上升。人工智能在自然语言领域也取得了很大进步，在一些具体任务上成效也非常显著。

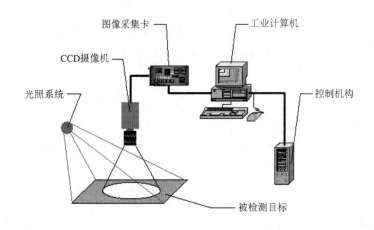

图 1-10　人工智能机器视觉系统示意图

　　当前，机器视觉的主要研究成就集中在对于具体物体的识别任务中，未来机器需要具备视觉场景理解能力，即不仅能够准确地识别物体，还能够结合人类知识分析具体场景。该任务相比于简单物体的识别要困难很多，机器要能够具备通用的理解能力，挖掘视频图像中的主要内容。实现这个目标，从而创造人类水平的视觉能力，一直是机器视觉研究人员的终极理想。语音识别领域的未来发展方向则体现在复杂场景下的识别效率，并有效结合其他信息。解决自然语言处理问题是人工智能最重要的几个方向之一。人类语言被认为是人类发展中非常关键的因素，正是因为能够通过语言交流快速传播知识，人类才能够从物竞天择中脱颖而出。然而，语言本身非常复杂，蕴含了大量的逻辑、推理，目前的学习系统并不能够很好地解决这些问题。通过未来几年的发展，自然语言处理领域将可能取得很大的进展，会逐渐揭开语言理解的奥秘，使得机器具备通用语言理解和逻辑推理能力。

虽然，目前人工智能在视觉、语音还有自然语言处理能力上已经得到了较大提升，但是仍具有很大的发展和提升空间。在未来发展中，这三个主要领域的研究工作还会长期持续，并取得更加重大的研究成果。

人工智能的另外一个发展方向是从少量标记数据中理解世界。目前，人工智能特别是深度学习，需要大量的标记数据才能训练，而且数据越多效果越好。但是，人类并不需要大量的示教就能理解世界，我们能够在没有大量标记数据的时候便形成良好的认识。比如，人们新见到一种植物的时候，就能马上对这种植物构建出一种识别模式，而不需要反复观察。目前的学习系统不具备这方面的能力，无法通过少量的样本得出一种简单的模式。所有这些系统目前都使用有监督的学习，在这个过程中，机器是通过人类标记的输入进行训练的。未来几年的挑战是让机器从原始的、未标记的数据（如视频或文本）中学习，这就是所谓的无监督学习。人工智能系统目前不拥有"常识"。人和动物通过观察世界，在其中行动，并且了解它的物理机制。部分专家认为无监督学习是通向具有常识的机器的关键。为此，必须重新定义无监督学习的方法，比如通过对抗学习重新定义目标函数。

另外，人工智能目前采用的研究方法包含深度学习、深度强化学习、进化/群智计算、半/非监督训练、对抗式生成网络等。同时，在应用领域包含复杂优化与仿真、语音/图像识别、自然语言处理、机器人技术、机器博弈、动态控制技术、大数据分析等。在研究方法发展过程中，一些具有里程碑意义的成果包括 ImageNet 大规模物体检测、人脸识别、自动驾驶、计算机围棋程序（AlphaGo）、神经机器翻译、机器作画、聊天机器人、智慧医疗与教育、智能游戏等，如图 1-11 所示。

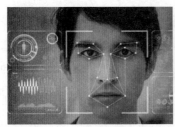

图 1-11　人工智能发展成果

未来的五到十年将是人工智能技术的飞速发展时期。在学术方面，有关基础理论的研究将更加深入和细化，应用上将向不同的领域渗透，呈现出更加迅猛的发展势头。人工智能会快速取代某些传统的依赖手工作业的工作，促进产业快速升级换代，产生新型人工智能相关行业。未来，人工智能技术的发展会将人类社会发展推到一个前所未有的新高度，我国也将进入智能时代。

1.3 人工智能的应用

1.3.1 人工智能的应用问题

目前人工智能在应用开发方面主要面临三大类问题：通信及语言处理问题、感知问题、机器人的应用问题。

1. 通信及语言处理问题

通信是一种通过对信号发生与感知的信息交换行为，信号来源也是各种智能体约定的信号公用系统。人类区别于其他动物智能体的地方在于，我们有着较为复杂的结构化消息系统，即语言。

形式语言被定义为一个字符串集合，而语法则是说明这种语言的有限规则集合。形式语言无一例外都有着自己的语法。在有了语言要素后，通信过程的发生就可以依照步骤，准确高效地进行信息传达及交换。

我们通过一个例子介绍通信步骤的三个主要阶段。

首先，通信第一阶段是意图的产生、意图命题的生成及命题合成为一个物理实现并传达的过程。例如，说话者甲要将词语集合 S 关于命题"我要饿死了，快去北餐厅"的信息通知聆听者乙。有了意图，生成的命题让话语聆听者能够推断出命题含义（或接近它）。最后，命题合成后通过纸上文字、语音空气震动等媒介完成传达。

通信第二阶段是感知信息媒介的过程。例如，对语音的感知是语音识别，对文字符号的感知是光学符号识别。

通信第三阶段是分析、排歧与合并的过程。例如，聆听者乙对词语集合 S 推断可能为多种释义集合 P1，P2，……，Pn。他在分析中主要包含 3 个过程部分，即句法分析、语义解释及语用解释。句法分析可以认为是词语关于命题组织的逆过程，它将命题分解为句节点——短语或词语，再通过语义解释抽取话语含义，并重新表示为解释语言的表达过程。例如"饿死了"有两种可能的语义解释，即甲饿得不再活着以及甲饿坏了。同样"北餐厅"的语义解释也包含两种，即在北边的餐厅及叫"北餐厅"名字却不在甲乙北边的餐厅。语用解释是指同样的词语集合在不同的情景下具有不同含义的事实。例如，"咬死猎人的狗"在猎人死了狗活着的场景中，与狗死了猎人活着的场景中具有不同的推断含义。

通常说话者意欲传达的意思，并不是故意发生歧义，但面对多种可行的解释，通信之所以能够进行，就在于聆听者能够推测说话者真正要传达的是哪个解释。这就是排歧过程依赖于不确定推理的过程，最后根据不同信息合并成事实。

2. 感知问题

感知是为智能体提供所处环境的信息。人类智能体有多种感知器的形态，如视觉、听觉、触觉。在现代机器人的应用中，还包含一些人类无法直接感知的形态，如电磁波、红外线、无线信号。

虽然感知看起来对人类来说是一种毫不费力的事情，但是在人工智能的开发中，需要大量复杂的计算。例如，视觉就是在操作、导航、事物识别等过程任务中抽取所需的信息。

机器人的感知是将传感器的测量结果映射为环境内部表示的过程。由于环境中存在各种复杂的信号及噪声，而且是部分可测、难于预测及动态的，因此机器人的感知是困难的。通常，在机器人的感知过程中，我们需要用到滤波器、转移模型、传感器模型来感知可观察环境的信息。

3. 机器人的应用问题

人工智能的应用中，除了通信、感知问题外，最重要的还包含执行问题。机器人是集合智能化智能体驱动执行的机器的综合表现。通过传感器对外界环境信息的感知，机器人更关注对传感器数据的决策与估计。另外，通过卡尔曼滤波器与粒子滤波器等常用概率滤波算法可以使机器人感知信息维持在一致性、稳定性及可靠性较高的水平状态。

接着，机器人应用的另一个问题是运动规划问题，机器人的运动规划通常在机器人轨迹规划空间中完成，在设定空间域内，指定机器人的位置、方向；然后再根据空间搜索算法将机器人轨迹规划空间分解成有限的多个单元，进而投影到低维子空间再通过搜索来解决运动规划问题。

最后是机器人控制器问题。机器人的控制器问题比根据环境的显式模型推导路径要容易，控制器能够被写成简单的有限状态机，其中控制系统结构内的各要素能够根据相互关联的有限状态机来编制控制器。

1.3.2 人工智能的应用特征

1. 智能体的结构特征

经过智能体对外部环境信息的感知，实现对通信要素以及执行主体问题的了解。但新的问题又产生了：人工智能应用是如何实现的？智能体内部是如何工作的？

AI 的任务就是设计智能体程序，把感知信息映射到智能体的控制函数或控制程序。目前，我们应用的基本智能体程序含有 4 种类型，它们基本涵盖了全部智能体的基础规则：

- 简单反射型智能体
- 基于模型的反射型智能体
- 基于目标的智能体
- 基于效用的智能体

简单反射型智能体能够直接对感知信息做出反应；基于模型的反射型智能体能够保持内部状态，追踪记录当前感知信息中不明显的方面；基于目标的智能体的目的是达到目标；基于效用的智能体的目的是最大化效用期望。而以上智能体都是通过学习来改善性能的。

2. 智能体的问题求解特征

最简单的智能体是反射型智能体，它将行动建立在从状态到行动的直接映射基础之上。但是映射过大、不易存储且消耗的时间太长会导致无法学习。然而，反射型智能体能够让那些考虑未来行动及结果的需求找到成功的解法。

智能体的问题求解需要根据不同的环境进行行动的选择，目前主要的方式是搜索。搜索的基本方法是，通过对象选择、测试、扩展，找到解或确定没有其他可扩展的状态。对可扩展状态的选择又是由搜索策略决定的，如广度优先搜索、深度优先搜索、深度有限搜索、迭代深入搜索、双向搜索等。通过对搜索算法在完备性、最优性、时间复杂度和空间复杂度上的评判，才能找到最适宜的求解搜索方法。

对于动态问题求解，智能体还具有自主学习的特征。

3. 智能体的决策特征

智能体的决策特征是衡量智能体高阶智慧能力的标志。如何产生一个自身制定正确决策的智能体？这种智能体能够在不确定性和冲突目标的判断中，做出逻辑判断机器不能做出的决策。

在决策特征方面，智能体能够在好状态（目标状态）与坏状态（非目标状态）之间进行二元区分。这个理论思想可以与效用理论、概率论结合，产生智能体决策的理论根据，即对于状态质量有连续的量度。

概率理论在描述证据的基础上，告诉智能体应该相信什么。而效用理论则描述智能体想要什么，决策理论则是结合两者来描述一个智能体应该做什么。

在决策系统的建立中，我们通常要考虑所有可能的行动，对所有行动做出分析并选择带来最佳期望结果的行动。

同时，越来越多的决策辅助方法如决策网络、决策信息价值系统、专家系统，也被开发出来构建智能体的决策系统。

4. 智能体的学习特征

智能体学习发生在智能体对外界的交互以及对自身的决策过程进行观察的时候。学习有多种形式，取决于执行元件的属性以及组成部分的反馈。执行元件是确定智能体可以采取什么行动的部件，而智能体能够修改执行元件的行动并制定更好决策的部件就是学习元件。

学习元件的设计主要考虑 3 个因素：
- 需要进行学习的是执行元件的哪个组成部分？
- 对组成部分的学习可以得到什么反馈？
- 学习组成部分如何表示？

以无人驾驶智能体的学习过程为例，当人喊出"刹车"或者前方出现红灯、障碍物时，智能体学习到何时刹车的条件——行动规则；当智能体观察大量镜头图像，以及交通路标和交通工具时，学习到识别行为个体及环境标志；当雨天路面潮湿刹车困难时，又学习到行动制约因素的影响；当幅度较大的行驶操作晃晕了乘客，降低无人驾驶的行驶舒适度而没有受到好评时，无人驾驶智能体又学习到效用指标。

智能体通过反馈学习获取越来越多的正向反馈，从而越来越接近正确值。

在学习特征中，还包含智能体的学习方式，如有监督学习、无监督学习及强化学习。有监督学习可以通过外部提供实例正确值来辅助问题的处理与学习，输入/输出均很明确；

无监督学习则在未提供明确输出值的情况下学习输入的模式；强化学习则是从强化作用的事物中进行学习，就是在学习过程中对效果加强因素的感知与追踪，而不是从老师那里获得纠偏与学习方法。

由于学习是智能体不断趋近目标与优化改进的主要方式，因此它也是区别于机器的最重要特征之一。

1.3.3　人工智能的应用现状与未来

从人工智能技术的发展历程来看，它经历了技术驱动和数据驱动阶段，目前已经来到场景驱动阶段，即深入到各个行业之中去解决不同应用场景的问题。此类行业的实践应用也反过来持续优化人工智能的核心算法，形成正向发展的态势。目前，人工智能主要在制造、家居、金融、零售、交通、安防、医疗、物流、教育等行业中有广泛的应用。

1.　制造

随着工业制造 4.0 时代的推进，传统制造业对人工智能的需求开始爆发，众多提供智能工业解决方案的企业应势而生。人工智能在制造业的应用主要有三个方面：首先是智能装备，包括自动识别设备、人机交互系统、工业机器人以及数控机床等具体设备。其次是智能工厂，包括智能设计、智能生产、智能管理以及集成优化等具体内容。最后是智能服务，包括大规模个性化定制、远程运维以及预测性维护等具体服务模式。虽然目前人工智能的解决方案尚不能完全满足制造业的要求，但作为一项通用性技术，人工智能与制造业融合是大势所趋（如图 1-12 所示）。

图 1-12　智能制造概念图

2.　家居

智能家居主要是基于物联网技术，通过智能硬件、软件系统、云计算平台构成一个完整的家居生态圈，如图 1-13 所示。用户可以远程控制设备，设备间可以互联互通并进行自我学习等，从而整体优化家居环境的安全性、节能性、便捷性等。值得一提的是，近两年随着智能语音技术的发展，智能音箱成为一个爆发点。小米、天猫、Rokid 等企业纷纷推出自身的智能音箱，不仅成功打开家居市场，也为未来更多的智能家居用品培养了用户习惯。但目前家居市场智能产品种类繁杂，如何打通这些产品之间的沟通壁垒，以及建立安全可靠的智能家居服务环境，是该行业下一步的发力点。

图 1-13 智能家居概念图

3. 金融

人工智能在金融领域的应用主要包括：智能获客、身份识别、大数据风控、智能投顾、智能客服、金融云等，该行业也是人工智能渗透最早、最全面的行业。未来，人工智能也将持续带动金融行业的智能应用升级和效率提升。例如第四范式开发的一套 AI 系统，不仅可以精确判断一个客户的资产配置，还可以做出清晰的风险评估，以及智能推荐产品给客户。人工智能在金融行业的很多应用，都可以作为人工智能在其他行业落地的典型案例。

4. 零售

人工智能在零售领域的应用已经十分广泛，无人便利店（如图 1-14 所示）、智慧供应链、客流统计、无人仓/无人车等都是热门的方向。京东自主研发的无人仓采用大量智能物流机器人进行协同与配合，通过人工智能、深度学习、图像智能识别、大数据应用等技术，让工业机器人可以进行自主的判断和行动，完成各种复杂的任务，在商品分拣、运输、出库等环节实现自动化。图普科技则将人工智能技术应用于客流统计，通过人脸识别客流统计功能，门店可以从性别、年龄、表情、新老顾客、滞留时长等维度建立到店客流的用户画像，为调整运营策略提供数据基础，帮助门店提升转换率。

图 1-14　智能无人零售

5. 交通

智能交通系统（Intelligent Traffic System，ITS）是通信、信息和控制技术在交通系统中集成应用的产物。ITS 应用最广泛的地区是日本，其次是美国、欧洲等地区。目前，我国在 ITS 方面的应用主要是通过对交通中的车辆流量、行车速度进行采集和分析，可以对交通进行实施监控和调度，有效提高通行能力、简化交通管理、降低环境污染等，如图 1-15所示。

图 1-15　智能交通智能视频监控

6. 安防

安防领域涉及的范围较广，小到个人、家庭（如图 1-16 所示），大到社区、城市、国家。智能安防也是国家在城市智能化建设中投入比重较大的项目，预计至 2021 年，国内智能安防产品市场空间将增长至 2094 亿元。目前智能安防类产品主要有 4 类：人体分析、车辆分析、行为分析、图像分析。智能安防行业现在主要还是受硬件计算资源的限制，只能运行相对简单的、对实时性要求很高的算法，随着后端智能分析匹配上足够强大的硬件资源，也能运行更复杂的、允许有一定延时的算法。这两种方式还将长期同时存在。

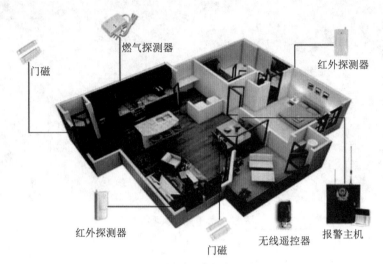

图 1-16　智能安防拓扑示意图

7. 医疗

目前，在垂直领域的图像算法和自然语言处理技术已可基本满足医疗行业的需求，如图 1-17 所示。市场上出现了众多技术服务商，例如提供智能医学影像技术的德尚韵兴，研发人工智能细胞识别医学诊断系统的智微信科，提供智能辅助诊断服务平台的若水医疗，统计及处理医疗数据的易通天下等。尽管智能医疗在辅助诊疗、疾病预测、医疗影像辅助诊断、药物开发等方面发挥了重要作用，但由于各医院之间医学影像数据、电子病历等不流通，导致企业与医院之间合作不透明等问题，使得技术发展与数据供给之间存在矛盾。

图 1-17　智能医疗概念图

8.　教育

科大讯飞等企业早已开始探索人工智能在教育领域的应用。通过图像识别，可以进行机器批改试卷、识题答题等；通过语音识别可以纠正、改进发音；而人机交互可以进行在线答疑解惑等。AI 和教育的结合在一定程度上可以改善教育行业师资分布不均衡、费用高昂等问题，从工具层面给师生提供更有效率的学习方式，但还不能对教育内容产生较多实质性的影响。

9.　物流

物流行业通过利用智能搜索、推理规划、计算机视觉以及智能机器人等技术，在运输、仓储、配送装卸等流程上已经进行了自动化改造，能够基本上实现无人操作。比如利用大数据对商品进行智能配送规划，优化配置物流供给、需求匹配、物流资源等。目前，物流行业大部分人力分布在"最后一公里"的配送环节，京东、苏宁、菜鸟争先研发无人车、无人机，力求抢占市场机会。

1.4　人工智能的目标

随着人工智能在算法、计算能力和计算数据等三方面取得了重要突破，人工智能得到了快速发展，它正在大大改变世界经济发展模式与面貌，不断深入社会服务与社会生活，不断增强现有工业，在自动驾驶、智能医疗、智能教育等行业快速发展，并为人类带来了极大的便利。但是人工智能的开发依然存在诸多瓶颈，那么在可以预见的未来，人工智能的发展目标是什么呢？

如何实现从专用人工智能向通用人工智能的跨越式发展，既是下一代人工智能发展的必然趋势，也是研究与应用领域的重大挑战。

人工智能将推动人类进入普惠型智能社会。"人工智能+X"的创新模式将随着技术和产业的发展日趋成熟，对生产力和产业结构产生革命性影响，并推动人类进入普惠型智能社会（如图 1-18 所示）。2017 年，国际数据公司 IDC 在《信息流引领人工智能新时代》白皮书中指出，未来 5 年人工智能将提升各行业运转效率。2016 年 10 月，美国国家科学技术委员会发布《国家人工智能研究与发展战略计划》，提出在美国的人工智能中长期发展策略中，要着重研究通用人工智能。AlphaGo 系统开发团队创始人戴密斯·哈萨比斯提出朝着"创造解决世界上一切问题的通用人工智能"这一目标前进。微软在 2017 年成立了通用人工智能实验室，众多感知、学习、推理、自然语言理解等方面的科学家参与其中。

一方面，从人工智能向人机混合智能发展。借鉴脑科学和认知科学的研究成果是人工智能的一个重要研究方向。人机混合智能旨在将人的作用或认知模型引入到人工智能系统中，提升人工智能系统的性能，使人工智能成为人类智能的自然延伸和拓展，通过人机协同更加高效地解决复杂问题。在我国新一代人工智能规划和美国脑计划中，人机混合智能都是重要的研发方向。

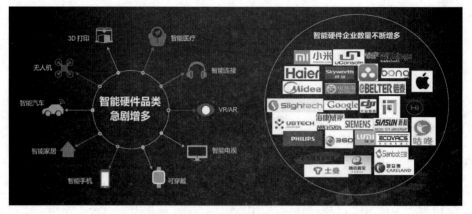

图 1-18 普惠型智能社会下丰富的人工智能产品及开发企业

另一方面，从"人工+智能"向自主智能系统发展。当前人工智能领域的大量研究集中在深度学习，但是深度学习的局限是需要大量人工干预，比如人工设计深度神经网络模型、人工设定应用场景、人工采集和标注大量训练数据、用户需要人工适配智能系统等，非常费时费力。因此，科研人员开始关注减少人工干预的自主智能方法，提高机器智能对环境的自主学习能力，例如 AlphaGo 系统通过自我对弈强化学习实现"通用棋类人工智能"。在人工智能系统的自动化设计方面，2017 年谷歌提出的自动化学习系统（AutoML）试图通过自动创建机器学习系统降低人员成本。

人工智能将加速与其他学科领域的交叉渗透。人工智能本身是一门综合性的前沿学科和高度交叉的复合型学科，研究范畴广泛而又异常复杂，其发展需要与计算机科学、数学、认知科学、神经科学和社会科学等学科深度融合。随着超分辨率光学成像、光遗传学调控、透明脑、体细胞克隆等技术的突破，脑与认知科学的发展开启了新时代，能够大规模、更精细解析智力的神经环路基础和机制，将使人工智能进入生物启发的智能阶段。同时，人工智能也会促进脑科学、认知科学、生命科学甚至化学、物理、天文学等传统科学的发展。

基于目前全球对于人工智能制高点的重视，我国也确定了未来人工智能的发展重点，包括"大数据驱动知识学习、跨媒体协同处理、人机协同增强智能、群体集成智能、自主智能系统"。此外，对基于云计算、芯片等"边缘化"的人工智能的相关研究以及关于类脑智能的研究也蓄势待发。今后，人工智能的芯片化、硬件化、平台化是必然趋势。

思　考　题

1. 图灵测试是什么？人工智能会撒谎吗？
2. 人工智能与人类思维行为有哪些异同？
3. 人工智能目前所应用到的基础科学知识有哪些？
4. 目前人工智能的应用开发主要体现在哪三种技术上？
5. 人工智能发展有哪些趋势及目标？

第2章

人工智能基础知识

学习目标

1. 了解人工智能的相关基础知识。
2. 能够说出人工智能的核心应用领域。
3. 了解各个领域相关技术发展。

人工智能是一门极富挑战性的科学，涉及十分广泛的学科领域，比如数学、计算机、博弈学、声学、光学和控制学等，由此发展了机器学习、计算机视觉、自然语言处理等核心领域。本章将对人工智能的基本知识做一个简要介绍，主要包括机器人、机器学习、人工神经网络、计算机视觉、自然语言处理、群体智能、人机交互、增材制造、大数据和虚拟现实10个主要领域。

2.1 机器人

机器人（Robot）是自动执行工作的机器装置，它既可受人类指挥，又可运行预先指定的程序，也可自主行动。它的主要任务是协助或代替人类进行工作。随着机器人的快速发展，国际上对其概念开始趋于一致，即机器人是一种可编程和多功能的，用来搬运材料、零件、工具的机器。

2.1.1 初识机器人

说到机器人，人们脑海中就会联想到电影中经常出现的类人型机器人，它们几乎具备了人体的所有特征，包括鼻子、眼睛、手、脚等。事实上，这种机器人仅仅是机器人的一种形式。如果走进现代化的自动工厂，比如奔驰汽车制造厂、OPPO 手机制造厂等，你会看到各种五花八门的机器人，它们并不像电影中描述的那样精美，仅是一个普通的机器而已。但是它们仍然可以称之为机器人，因为它们完全符合机器人的定义："机器人"是一种通过编程可以自动完成一定操作或移动作业的机械装置。

从事机器人研究的学者通常将机器人分为两类：工业机器人和特种机器人。工业机器人是面向制造环境的多关节或多自由度机械臂，如图 2-1 所示。

图 2-1　工业机器人

特种机器人则是面向非制造环境的服务于人类各种活动的服务型或仿人型机器人，如图 2-2 所示，包括救援机器人、水下机器人、采摘机器人、军用机器人等。这种机器人初步具备了与人类似的智力，如感知、决策、交流和合作能力，是一种具有高度灵活性的智能型机器人。

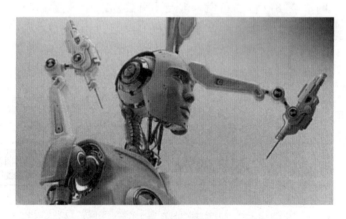

图 2-2　特种机器人

2.1.2　机器人的结构组成

在初步认识了机器人之后，下面我们来了解一下机器人的基本结构组成，以便更深入地了解机器人。机器人主要由机械、传感和控制 3 大部分构成，有 6 个子系统：驱动系统、机械结构系统、感知系统、机器人—环境交换系统、人机交换系统和控制系统。

1. **驱动系统**

它是在机器人的关节上安装的电机或传动装置，目的是让机器人运作起来。

2. **机械结构系统**

它主要由基座、机械臂、末端执行器组成。若基座能够行走，则称为行走机器人，反之称为固定式机器人。

3. **感知系统**

它由内部和外部传感器模块组成，用以获得环境状态中的相关信息，以此提升机器人的灵活性和适应性。

4. **机器人—环境交换系统**

它是机器人外部工作环境与设备之间相互联系和协调的系统。

5. **人机交换系统**

它是操作者与机器人联系的装置，例如指令台、信息显示板等。

6. **控制系统**

它根据机器人的作业指令以及传感器反馈回来的信号控制执行机构去完成相应的功能。

2.2　机器学习

2.2.1　什么是机器学习

在讨论什么是机器学习前，我们先来讨论一下生活中常见的一种产品，如图 2-3 所示。这是 Windows 上的语音助手 Cortana。为什么 Cortana 能够听懂人的语音？其背后的核心技术是什么？事实上，这个技术正是我们这节所要讲的机器学习，它是所有语音助手产品（苹果的 Siri 与谷歌的 Now）能够与人进行交互的关键。

图 2-3　语音助手产品

　　机器学习是计算机利用已有的数据（样本），得出某种规律模型（规律），并利用此模型预测未来的一种方法。从广义上来说，机器学习是一种能够赋予机器学习的能力来让它完成通过直接编程无法完成的功能的一种方法。但从实践上来看，机器学习是一种通过利用数据，训练出模型，然后使用模型预测的一种方法。

　　下面将机器学习的过程与人类对历史经验归纳的过程进行比较，如图 2-4 所示。人在成长中积累了许多经验，将其进行"归纳"，获得了生活的一般"规律"。当遇到未知问题时，利用已知"规律"进行"推测"。机器学习中的"训练"与"预测"过程可以对应到人类的"归纳"和"推测"过程。因此，机器学习的思想仅仅是对人类在生活中学习成长的一个物理模拟。

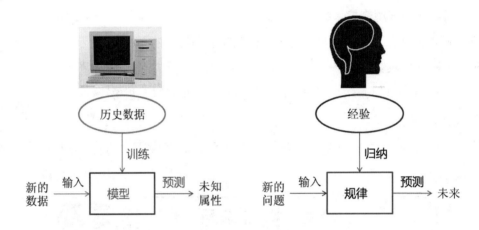

图 2-4　机器学习与人类思考的类比

2.2.2　机器学习的算法

　　通过 2.2.1 节我们知晓了什么是机器学习，本节我们将介绍机器学习中的一些经典算法，重点放在这些算法的内涵思想上，对数学理论与实践细节不进行展开讨论。

1.　回归算法

　　回归算法是最为简单的机器学习算法，它有两个重要的子类：线性回归和逻辑回归。

　　线性回归即根据已有数据拟合出一条直线来最佳地匹配这些数据。在这个过程中，通常用到"最小二乘法"，它的核心思想是所有数据与拟合直线的距离最小，即函数极值问题。著名的"梯度下降"是函数求极值问题的常用手段，也是解决回归模型中最简单且有效的方法之一。

　　逻辑回归属于分类算法，线性回归处理的是数值问题（连续性问题），而逻辑回归处理的是分类问题（离散性问题）。在具体的实现上，逻辑回归只是对线性回归的计算结果加了一个 Sigmoid 函数，将数值结果转化为了 0 到 1 之间的概率。从直观上来说，逻辑回归就是画出了一条分类线。

2. 神经网络

神经网络（人工神经网络，ANN）算法是在"深度学习"的浪潮下，目前最为强大的机器学习算法之一。

下面来看一个简单的神经网络逻辑架构，如图 2-5 所示。每层的圆代表处理单元（即神经元），若干单元组成一层，若干层相互连接构成了一个网络，即神经网络。该网络分为输入层、隐藏层和输出层。输入层接收输入数据，隐藏层对数据进行处理，最后的结果被整合到输出层。

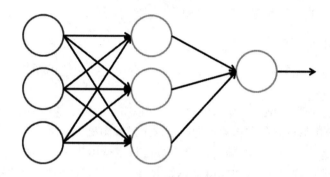

图 2-5　神经网络的逻辑架构

在神经网络中，每个处理单元本质上就是一个逻辑回归模型，逻辑回归模型接收上层的输入，把模型的预测结果作为输出传输到下一层。通过这样的过程，神经网络可以完成非常复杂的非线性分类。

3. 支持向量机

支持向量机（SVM）算法起始于统计学，它在机器学习中得到了广泛应用。它可以说是逻辑回归算法的强化：通过设置更严格的优化条件，结合高斯"核"函数能够获得比逻辑回归更好的分类界线。但是如果没有结合高斯"核"函数技术，则支持向量机算法最多算是一种更好的线性分类技术。

通过结合高斯"核"，SVM 可以实现复杂的分类界线，从而达到更好的分类效果。"核"是一种特殊函数，最典型的特征就是可以将低维的空间映射到高维。比如在二维平面划出一个圆形分类界线会很困难，但通过"核"可以将二维空间映射到三维空间，然后使用一个线性平面就可以达到类似的效果。

4. 聚类算法

前面的三种算法都是在训练数据中包含了标签，训练出的模型可以对其他未知数据预测标签。在聚类算法中，训练数据都是不含标签的，而算法的目的则是通过训练，推测出这些数据的标签。以一个二维数据为例，假设数据包含两个特征，那么就可以通过聚类算法计算数据间的距离对其进行分类，最典型的代表就是 K-Means 算法。

5. 推荐算法

推荐算法在电商界（如亚马逊、天猫、京东）等得到了广泛的运用，主要特征就是自动向用户推荐他们最感兴趣的东西。推荐算法有两个主要的类别：

一类是基于物品内容的推荐，它是将与用户购买的内容近似的物品推荐给用户，这样做的前提是每个物品都得有若干个标签，因此才可以找出与用户购买物品类似的物品。这样推荐的好处是关联程度较大，但是由于每个物品都需要贴标签，因此工作量较大。

另一类是基于用户相似度的推荐，它是将与目标用户兴趣相同的其他用户购买的东西推荐给目标用户，例如小 A 历史上买了物品 B 和 C，经过算法分析，发现另一个与小 A 近似的用户小 D 购买了物品 E，于是将物品 E 推荐给小 A。

6. 机器学习的应用

目前机器学习在各个领域都有应用，例如语音识别、图像识别、医学诊断、证券市场分析、搜索引擎等。

（1）虚拟个人助理：Siri、小冰、度秘是现在虚拟个人助理的典型例子。个人助理在进行回复时，会综合分析信息储备和相关查询，在这个过程中机器学习是其实现这些功能的基础。

（2）交通预测：基于日常经验进行拥堵分析是生活中机器学习的典型。中央服务器通过 GPS 导航记录使用者的位置和速度数据，构建当前流量的地图。而实际中配备 GPS 的汽车相对较少，机器学习可根据日常经验（样本数据）来估计可能出现拥塞的区域。

（3）社交媒体服务：个性化的订阅是机器学习在社交媒体平台的主要应用，比如 UC 推荐、新闻头条等。

（4）智能客服：聊天机器人代替人工客服是机器学习的一个发展趋势。许多网站和公共服务电话上会有在线客服，在大多数情况下，都是聊天机器人代替人工客服，并且它们会随着聊天的深入变得更加人性化，这都是底层的机器学习算法所驱动的。

（5）商品推荐：购物网站的商品推荐也是机器学习的一个重要应用。当在网站购物或者浏览相关产品时，系统会自动推荐类似物品，即"投其所好"，这些精准推荐的背后也是机器学习算法。

2.3 人工神经网络

人工神经网络（Artificial Neural Network，ANN）是 20 世纪 80 年代兴起的研究热点，它从生物信息处理的角度对人脑神经网络进行抽象，建立某种简单模型，按不同的连接方式组成不同的网络。

1. 人工神经元

人工神经网络的基本元素为"人工神经元"，它是根据生物自然神经元静息和动作电位的产生机制（如图 2-6 所示）而建立的一个运算模型。神经元通过树突接受外部刺激（输入），当信号足够强烈时（阈值限）神经元被激活，并通过轴突传递信号（输出）。

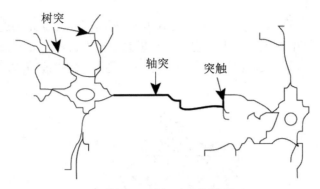

图 2-6　神经元工作原理

人工神经元模型是把自然神经元进行抽象以实现其基本功能的一种数学描述,如图 2-7 所示。人工神经元的输入代表自然神经元的接收信号过程,多个输入代表多突触,不同突触间对刺激的反应程度由权重表示,神经元的激活由激活函数代表。

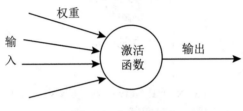

图 2-7　人工神经元

2. 人工神经网络模型

人工神经网络模型采用层(输入层、隐藏层或输出层)结构进行描述,每层由多个人工神经元组成。各层之间连接方式不同,可组成不同的网络结构。

(1)前向型神经网络

前向型神经网络将输入从最前端接收(输入层),再经中间层传递(隐藏层),最后从后端(输出层)输出,如图 2-8 所示。最简单的网络有两个输入单元和一个输出单元(感知器),可用于建立分类模型。如果只给它输入,让网络填充输出,称为非监督型学习;如果通过反向传播方法进行训练,则称为监督学习。

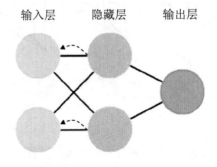

图 2-8　前向型神经网络

（2）Hopfield 网络

Hopfield 网络中的每个神经元（HN，见图 2-9）都与其他神经元相连。每个节点在训练前输入，然后在训练中隐藏和输出。它的核心思想是通过将神经元的值设置为所需的模式来训练网络，在此之后，权值保持不变。一旦一个或多个模式被训练，网络将总是收敛到一个学习模式。

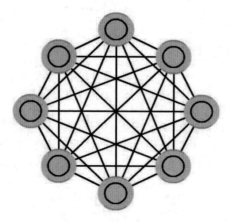

图 2-9　Hopfield 网络

（3）卷积神经网络

卷积神经网络（Convolutional Neural Networks，CNN）与其他神经网络具有明显的不同，如图 2-10 所示，主要用于图像处理领域，但也可用于其他类型的输入，如音频。卷积神经网络的一个典型应用是将图像输入网络，由网络对其进行分类。例如，如果你输入一张猫的图片，它会输出"cat"；如果你输入一张狗的图片，它会输出"dog"。

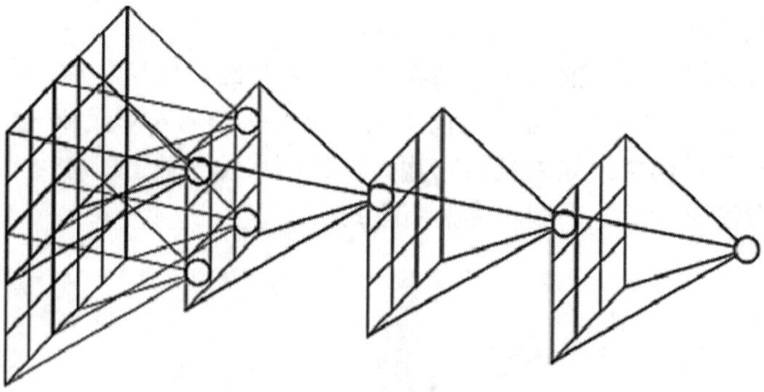

特征提取　　　　输入层　　　隐藏层 1　　　隐藏层 2　　　输出层

图 2-10　卷积神经网络

（4）循环神经网络

循环神经网络是一种考虑时间的前向型神经网络（如图 2-11 所示），通道与通道的通过时间有一定的联系。神经元不仅接收来自神经网络上层的信息，还接收来自上一时间信道的信息。这意味着输入神经网络和用于训练的数据的顺序很重要：输入"milk"和"cookie"与输入"cookie"和"milk"得到的结果不同。

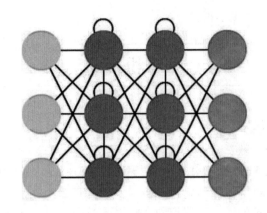

图 2-11　循环神经网络

3. 人工神经网络的应用

近十年来，人工神经网络的研究工作取得了很大的进展，在信息、医学、经济、交通等领域已经成功地解决了许多现代计算机难以解决的实际问题，表现出良好的智能化特点。

（1）信息领域

信息源不完整、存在着虚假表象和决策规则有时相互矛盾，这些都给传统的信息处理方法带来了很大的困难。而神经网络可以很好地处理这些问题，并给出合理的识别和判断，可以实现自动诊断和问题求解，解决传统方法无法解决的问题。现有的智能信息系统包括智能仪表、自动跟踪监控仪表系统、自动控制与引导系统、自动故障诊断与报警系统等，人工神经网络都有所涉及。

（2）医学领域

医疗检测通常以连续波形的形式输出数据，以此来作为诊断的基础。人工神经网络是由大量的简单处理单元连接而成的自适应动态系统，它可以用来解决生物医学信号分析和处理中传统方法难以或不可能解决的问题。神经网络在生物医学信号检测和处理上的应用主要集中在分析 EEG 信号、听觉诱发电位的提取信号、肌电图和胃肠道肌电图的识别、心电信号压缩、医学图像的识别和处理等方面。

（3）经济领域

商品价格变化的分析可以归结为对影响市场供求关系的许多因素的综合分析。传统的统计经济学方法由于其固有的局限性，难以对价格变化进行科学的预测，而人工神经网络容易处理不完整、模糊、不确定或不规则的数据，因此利用人工神经网络进行价格预测具有传统方法无法比拟的优势。从市场价格决定机制出发，根据影响商品价格的家庭数量、人均可支配收入、贷款利率、城镇化水平等复杂多变的因素，建立更加准确可靠的模型。该模型能够科学地预测商品价格的变化趋势，得到准确、客观的评价结果。

（4）交通领域

近年来，神经网络在交通运输系统中得到了广泛的应用。交通问题是一个高度非线性的问题，可用的数据往往庞大而复杂。神经网络的应用范围涉及汽车驾驶员行为建模、参数估计、道路养护、车辆检测与分类、交通模式分析、货运业务管理、交通流预测、交通自动导航与交通控制等。

2.4 计算机视觉

1. 什么是计算机视觉

计算机视觉是一门"教"会计算机如何去"看"世界的学科。计算机视觉与自然语言处理（Natural Language Process，NLP）及语音识别（Speech Recognition）并列为人工智能的三大热点方向。计算机视觉的理念其实与很多概念有部分重叠，包括人工智能、数字图像处理、机器学习、深度学习、模式识别、概率图模型、科学计算以及一系列的数学计算等，如图 2-12 所示。

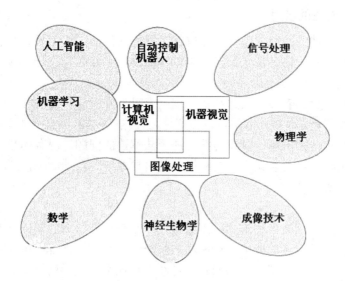

图 2-12　计算机视觉囊括范围

2. 计算机视觉技术

计算机视觉从由诸如梯度方向直方图（Histogram of Gradient，HOG）以及尺度不变特征变换（Scale-Invariant Feature Transform，SIFT）等传统的手办特征（Hand-Crafted Feature）与浅层模型的组合逐渐转向了以卷积神经网络（Convolutional Neural Networks，CNN）为代表的深度学习模型。

（1）物体识别和检测技术

物体检测技术一直是计算机视觉中非常基础且重要的一个研究方向。所谓物体识别和检测，就是给定一张输入图片，通过算法能够自动找出图片中的常见物体，并将其所属类别及位置输出（如图 2-13 所示）。当然也就衍生出了诸如人脸检测（Face Detection）、车辆检测（Viechle Detection）等细分类的检测算法。

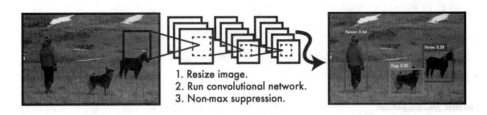

图 2-13　物体检测技术流程

（2）图像语义分割技术

从图像语义分割（semantic segmentation）字面意思上理解就是让计算机根据图像的语义来进行分割，语义在语音识别中指的是语音的意思，而在图像领域，语义指的是图像的内容，即对图片意思的理解（如图 2-14 所示）。

图 2-14　图像语义理解示意

（3）三维重建技术

基于视觉的三维重建，指的是通过摄像机获取场景物体的数据图像，并对此图像进行分析处理，再结合计算机视觉知识推导出现实环境中物体的三维信息（如图 2-15 所示）。三维重建技术的重点在于如何获取目标场景或物体的深度信息。在景物深度信息已知的条件下，只需要经过图像像素数据的配准及融合，即可实现景物的三维重建。

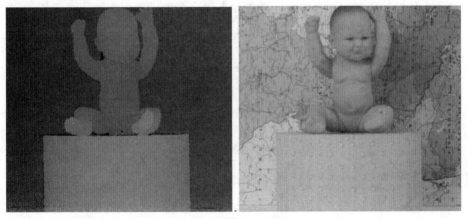

图 2-15　图像的三维重建

3. 计算机视觉的应用场景

人对外界环境的感知 70%以上来自人类的视觉系统，机器也是如此，大多数的信息都包含在图像中，那么计算机视觉具体有哪些应用呢？

（1）无人驾驶

无人驾驶是目前人工智能领域一个比较重要的研究方向，目的是让汽车可以进行自主驾驶，或者辅助驾驶员驾驶，提升驾驶操作的安全性。目前，这方面做得比较好的有谷歌的无人驾驶汽车、国内的百度无人驾驶汽车和图森未来的货运车。计算机视觉在无人驾驶中起到了非常关键的作用，比如道路的识别、路标的识别、红绿灯的识别、行人识别等。另外还用于其中的三维重建及自主导航，以辅助汽车进行合理的路径规划和相关决策。

（2）人脸识别

人脸识别技术目前已经研究得相对比较成熟，甚至机器人脸识别准确率目前已经高于人眼的识别准确率。很多高铁站及装有门禁的地方都用到了人脸识别，很多手机都有刷脸系统，有些城市甚至在银行取钱都可以直接刷脸。

（3）无人安防

随着计算机视觉的发展，计算机视觉技术已经能够很好地应用到安防领域，目前很多智能摄像头都已经能够自动识别出异常行为以及可疑危险人物，及时提醒相关安防人员或者报警，加强安全防范。

（4）智能识图

智能识图是我们生活中比较常见的计算机视觉应用。看到一件衣服或一个物品，想在网上找它的来源等其他相关信息，直接输入图片，以图搜图，很快就能找到很多该图片出现的地方以及很多类似的图片。

2.5 自然语言处理

自然语言处理（NLP）主要研究计算机和人类（自然）语言之间的交互作用。

1. 什么是自然语言处理

自然语言处理是计算机科学、人工智能和语言学交叉的一个领域，其目标是计算机处理或"理解"自然语言，执行语言翻译和问答任务。

随着语音接口和聊天机器人的兴起，NLP 是信息时代最重要的技术之一，也是人工智能的重要组成部分。由于人类语言的复杂性，机器很难完全理解和表达语言。从这个研究领域衍生出的一个快速增长的应用程序集合包括拼写检查、关键字搜索、同义词查找、机器翻译、语音对话系统和复杂问题回答。

2. 自然语言处理技术

（1）文本嵌入技术

在传统的自然语言处理中，我们把单词当作离散的符号，用向量表示。单词作为离散符号的问题在于向量本身没有自然的相似性。因此，另一种方法是学习编码向量本身的相似性。其核心思想是，一个词的意义是在它经常出现的语境中给出的。文本嵌入是字符串的实值向量表示，每个单词构建一个密集的向量并选择它，使其出现在类似上下文中的单词向量。文本嵌入被认为是大多数深度 NLP 任务的良好起点，它使深度学习在更小的数据集上有效，因为文本嵌入通常是深度学习架构的第一个输入，并且是 NLP 中最流行的迁移学习形式。在文本中嵌入最流行的名称是 Word2vec，由谷歌和斯坦福大学开发。

（2）文本翻译技术

文本翻译是一项经典的语言理解测试，它包括语言分析和语言生成。神经机器翻译是一种通过大型人工神经网络对整个过程进行建模的方法。神经元不仅提供来自上层的信息，还提供来自过去的信息。这意味着我们喂养和训练网络的顺序很重要：先喂它 A，然后再喂它 B，再喂它 B，再喂它 A，可能会产生不同的结果。

（3）情绪分析技术

人与人之间的沟通不仅仅是文字和它们的明确含义。即使是在完全基于文本的对话中，你也可以通过单词的选择和标点符号来判断客户是否生气。为了让计算机真正理解人类日常交流的方式，它们不仅需要理解词语的客观定义，还需要理解我们的情感。情感分析是通过小元素的语义组合来解释大文本单位（实体、描述性术语、事实、论据、故事）意义的过程。现代情感分析的深度学习方法有形态学、语法和逻辑语义，其中最有效的是递归神经网络。递归有助于消除歧义，帮助某些任务引用特定的短语，对于使用语法树结构的任务非常有效。

3. 自然语言处理的应用

（1）机器翻译

机器翻译是指运用机器通过特定的计算机程序将一种书写形式或声音形式的自然语言，翻译成另一种形式的过程。目前谷歌、微软与国内的百度、有道等公司都为用户提供了免费的在线多语言翻译系统。速度快、成本低是文本翻译的主要特点，而且应用广泛，不同行业都可以采用相应的专业翻译。语音翻译是目前机器翻译中比较富有创新意识的领域，搜狗推出的机器同传技术主要在会议场景出现，演讲者的语音实时转换成文本，并且进行同步翻译，低延迟显示翻译结果，希望能够取代人工同传，实现不同语言的人们低成本的有效交流。

（2）信息检索

信息检索是从相关文档集合中发现用户需要的信息的过程。在搜索引擎中，用户将简单的关键字作为查询提交给搜索引擎，以实现向用户提供可能的搜索目标页面列表。

（3）自动问答

自动问答是指利用计算机自动回答用户的问题，以满足用户的知识需求。根据不同的目标数据源，问答技术可以分为三类：检索问答、社区问答和知识库问答。检索问答和社区问答的核心是浅层语义分析和关键词匹配，知识库问答是为了实现知识的深层逻辑推理。

2.6　群体智能

1.　什么是群体智能

群体智能（也称为集群智能）的概念来自对自然界昆虫群体的观察。自然界的生物通过协作表现出的宏观智能行为特征被称为群体智能。互联网上的通信只不过是更多神经元连接（人脑）在互联网上相互作用的结果，而光缆和路由器只不过是轴突和突触的延伸。从自组织的角度看，人脑与蚁群并无本质区别。单个神经元没有智力可言，单个蚂蚁也没有。然而，通过连接形成的系统是一个智能体。

2.　群体智能的技术

目前，群体智能主要有两种方法，即蚁群算法和粒子自适应优化算法。

它们的基本特征是：

（1）控制是分布式的，没有中央控制。它能够适应网络环境中当前的工作状态，具有很强的鲁棒性，即不会因为一个或多个个体的失败而影响整个问题的解决。

（2）个体可以改变环境。群体中的每个个体都能够改变环境，这是个体间间接交流的一种方式。由于群体智能可以通过个体与个体间相互传输和协作信息，所以随着个体数量的增加，通信开销的增加较少，因此具有更好的可扩展性。

（3）群体个体能力单一。每个个体的能力或行为规则都非常简单，因此群体智能的实现更加方便和简单。

（4）个体间的互动。群体的复杂行为是通过简单个体的相互作用而产生的智能，即群体是自组织的。群体智能可以在适当的进化机制指导下，通过个体间的相互作用以某种突现形式发挥作用。这是个体和可能的个体智能所不能做到的。

3.　群体智能的应用

目前，群体智能广泛应用于混合流车间调度的蚂蚁调度算法、移动机器人的路径规划、机器人振动抑制的轨迹规划、交通领域的车辆路径规划等优化问题方面。群体智能算法广泛应用于配电网扩容规划、维护规划、机组组合、负荷经济分配、最优潮流计算和无功优化控制、谐波分析和电容器配置、配电网状态估计等电力系统优化中。在计算机领域，它主要应用于并行计算机，在分布式计算机系统中，将一个程序任务分配给不同的处理器，以减少程序的运行时间。

2.7　人机交互

1.　什么是人机交互

人机交互是指通过计算机技术实现输入和输出设备的人机对话。人机交互包括：机器通过输出或显示设备为人们提供大量的信息和指令，人们通过输入设备输入信息，机器回答问题等。

2.　人机交互的方式

（1）触摸交互

触摸交互目前应用最为广泛。随着触摸屏的广泛应用和发展，出现了触摸屏手机、触摸屏计算机、触摸屏相机、触摸屏电子广告牌等各种发明和创新，触摸屏越来越接近人们，真正达到了"触摸"的程度。触摸屏以其方便、简单、自然、节省空间、响应速度快等优点，被人们广泛接受，成为人机交互最方便的来源。

（2）语音交互

语音交互是将人类语音的词汇内容转换成计算机可读的输入，如击键、二进制代码或字符序列。不可否认，语音识别是未来最有前途的人机交互方式。特别是目前各种可穿戴智能设备，通过对话发出命令来产生交互是最有效、最可行的（如图 2-16 所示）。

图 2-16　语音交互

（3）体感交互

体感技术又称动作识别技术、手势识别技术。说到动作感应，很多人认为它属于未来，就像科幻电影里的东西。但这一概念在游戏领域由来已久，三大游戏制造商都推出了自己的动作感应控制器，如微软的 Kinect 和索尼的 PSMove，而任天堂的 Wii 一直是一款动作感应游戏机。运动感应技术是几乎所有交互式运动感应娱乐产品的核心技术，是下一代先进人机交互技术的核心。运动感应技术主要通过光学技术来感知物体的位置，通过加速度传感器感知物体的运动加速度，从而判断物体的运动，进而进行交互活动。

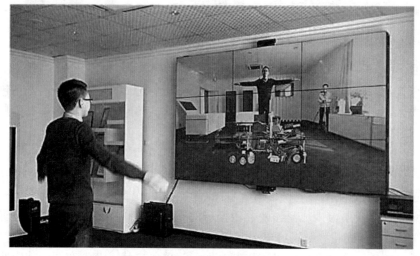

图 2-17　体感交互

2.8　增材制造

1.　什么是增材制造

增材制造（Additive Manufacturing，AM）俗称 3D 打印技术，它结合了计算机辅助设计、材料加工和成型技术。具体来说，增材制造是一种基于数字模型文件和数控系统软件将特殊金属材料、非金属材料和医学生物材料，经挤压、烧结、融化、光固化、注射等方法一步一步积累、创建实体物品的制造技术。相比于传统的加工方式对原材料进行切割和组装，增材制造是一种"自下而上"的制造方法。通过材料的积累，实现从无到有，从而制造出复杂结构的零件，这是以前传统的制造方法所无法实现的。

2.　增材制造技术

（1）光聚合成型技术

光聚合成型技术（也称立体印刷术）是最早实用化的快速成型技术。具体原理是选择性地用特定波长与强度的激光聚焦到光固化材料（例如液态光敏树脂）表面，使之发生聚合反应，实现由点到线，再由线到面的顺序凝固，从而完成一个层面的绘图作业，然后升降台在垂直方向移动一个层片的高度，再固化另一个层面。这样层层叠加就制成了一个三维实体（如图 2-18 所示）。

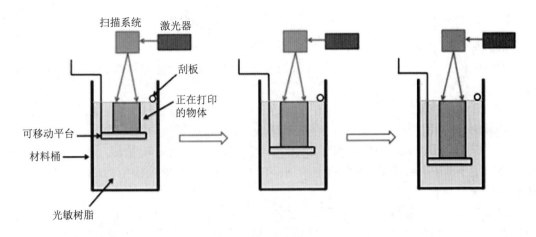

图 2-18 光聚合成型技术

（2）气溶胶打印技术

气溶胶打印（Aerosolprinting）这个技术主要用在精密仪器、电路板的打印上。UV 固化介质从 10～100μm 气溶胶喷射系统喷射。之后，金属纳米粒子油墨以精确的方式被分配、烧结在最近固化的材料上，然后重复一遍又一遍，直到结构形成。该过程具有快速材料凝固的特点。

（3）细胞 3D 打印

细胞 3D 打印（cellbioprinting）是快速成型技术和生物制造技术的有机结合，可以解决传统组织工程难以解决的问题（如图 2-19 所示）。主要以细胞为原材料，复制一些简单的生命体组织，例如皮肤、肌肉以及血管等，甚至在未来可以制造人体组织，如肾脏、肝脏甚至心脏，以便用于器官移植。

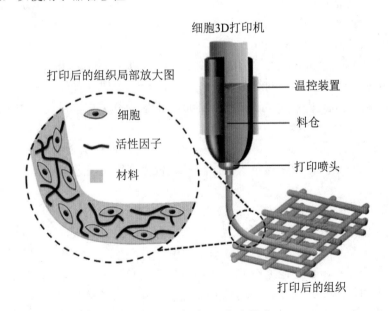

图 2-19 细胞 3D 打印技术

3. 增材制造的应用

增材制造技术因为其使用的材料和成型方法的不同，结合其材料的物理和化学属性以及使用的成型方法的加工特点，目前这项技术已被应用于多个行业领域，并且发挥着越来越重要的作用。

（1）在航空航天领域，采用电子束或激光的熔融沉积以及选择性烧结成型等加工技术制造外形复杂的机器零件，如 3D 打印的 "Tomsk-TPU-120" 号微型卫星。

（2）在汽车零件制造领域，因汽车零件形状复杂、加工制造难度大，增材制造技术同样也能应用于其中，如 3D 打印的奥迪 R18E-TronQuattro 遥控赛车模型、3D 打印的自动驾驶电动公交车 Olli。

（3）在生物医学领域，3D 打印技术已经在牙齿矫正、脚踝矫正、医学模型快速制造、组织器官替代、脸部修饰和美容等方面得到应用与发展，如应用 3D 打印批量制作牙科矫正器。

（4）在建筑领域，设计师因传统建造技术的束缚无法将具有创意性和更具艺术效果的作品变为现实，而增材制造技术却能让设计师的创意实现。例如在 2014 年 3 月，荷兰建筑师利用 3D 打印技术 "打印" 出了世界上第一座 3D 打印建筑。

2.9　大数据

1. 什么是大数据

大数据，又称海量数据，指的是以不同形式存在于数据库、网络等媒介上蕴含丰富信息的规模巨大的数据。大数据同过去海量数据有所区别，其基本特征可以用 4 个 V 来总结（Volume、Variety、Value 和 Velocity）。

Volume：数据体量巨大，可以是 TB 级别的，也可以是 PB 级别的。

Variety：数据类型繁多，如网络日志、视频、图片、地理位置信息等。

Value：价值密度低。以视频为例，连续不间断的监控视频中，可能有用的数据仅仅有一两秒。

Velocity：处理速度快，这一点与传统的数据挖掘技术有着本质的不同。

简而言之，大数据的特点是体量大、多样性、价值密度低、速度快。

2. 大数据技术

时下，大数据这个概念很火，围绕这个概念，有两大技术分支，一个分支是关于大数据存储的，涉及关系数据库、云存储和分布式存储；另一个分支是关于大数据应用的，涉及数据管理、统计分析、数据挖掘、并行计算、分布式计算等。

大数据技术的体系庞大且复杂，基础的技术包含数据的采集、数据预处理、分布式存储、SQL 数据库、数据仓库、机器学习、并行计算、可视化等各种技术范畴和不同的技术层面。这里首先给出一个通用化的大数据处理框架，主要分为数据采集与预处理、数据存储、数据清洗和数据可视化这几个方面。

（1）数据采集与预处理：数据采集就是将这些数据写入数据仓库中，把零散的数据整合在一起，将这些数据综合起来进行分析。数据采集包括文件日志的采集、数据库日志的采集、关系型数据库的接入和应用程序的接入等。

（2）数据存储：在数据存储过程中，涉及的数据表都是成千上万列的，包含各种复杂的序列。

（3）数据清洗：随着数据量的激增，需要进行训练和清洗的数据会变得越来越复杂，这个时候就需要任务调度系统针对关键任务进行数据的有效筛选。

（4）数据可视化：将分析得到的数据进行可视化，用于指导决策服务。

3. 大数据的行业应用

大数据无处不在，它适用于所有行业，包括金融、汽车、餐饮、电信、能源、健身和娱乐等领域。

- 在制造业，利用工业大数据提升制造业水平，包括产品故障诊断与预测、工艺流程分析、生产流程改进、生产过程能耗优化、工业供应链分析与优化、生产计划与调度。
- 在金融行业，大数据在高频交易、社会情绪分析、信用风险分析三大金融创新领域发挥着重要作用。
- 在汽车行业，利用大数据和物联网技术的无人驾驶汽车将在不久的将来进入我们的日常生活。
- 在互联网行业，借助大数据技术可以分析客户行为，推荐产品，投放有针对性的广告。
- 在电信行业，利用大数据技术进行客户断开分析，及时掌握客户断开趋势，介绍客户保留措施。
- 在能源行业，随着智能电网的发展，电力公司可以掌握大量的用户用电信息并使用大数据技术分析用户电力消费模式，以提高电网的运行效率，合理设计电力需求响应系统，确保电网的安全运行。
- 在物流行业，利用大数据优化物流网络，提高物流效率，降低物流成本。
- 在城市管理方面，大数据可以用来实现智能交通、环境监测、城市规划和智能安全。
- 在生物医学领域，大数据可以帮助我们实现流行病预测、智能医疗和健康管理，也可以帮助我们解读 DNA，更多地了解生命的奥秘。
- 在体育和娱乐领域，大数据可以帮助我们训练我们的团队，决定我们想拍什么样的金融电影和电视节目，并预测游戏的结果。
- 在安全领域，政府可以利用大数据技术建立强大的国家安全保障体系，企业可以利用大数据抵御网络攻击，警察可以利用大数据预防犯罪。
- 在个人生活方面，通过与每个人相关的"个人数据"，可以分析出个人生活的行为习惯，从而为他们提供更加周到的个性化服务。

大数据的价值远不止这些。大数据渗透到各行各业，极大地推动了社会生产和生活，未来必将产生重大而深远的影响。

2.10　虚拟现实

1.　什么是虚拟现实

虚拟现实（Virtual Reality，VR）是虚拟与现实相结合的技术，它是在现实生活中通过数据收集，并经计算机技术生成电子信号，然后结合各种输出设备，让人感觉到这些信号现象。因为这些现象不是我们直接肉眼可以看到的，是由计算机模拟出来的，故称为虚拟现实。

2.　虚拟现实的核心技术

（1）三维建模技术

建模的核心目的是通过获取数据的三维环境，获得三维数据，然后根据需求建立相应的虚拟环境模型。三维建模主要分为几何建模、物理建模和行为建模。三维虚拟环境的建模主要包括：模仿现实世界环境中人类的主观建设环境和将人类看不见的环境在现实世界中模仿出来。

（2）立体显示技术

立体显示是虚拟现实的关键技术之一。它使人们在虚拟世界有更强烈的沉浸。立体显示的引入可以使各种模拟器的模拟更为现实。目前，立体显示技术的主要应用是戴上立体眼镜观看立体图像，比如 3D 电影。目前，主要代表技术有颜色分离技术、分光技术、分时技术、光栅技术和全息显示技术。

（3）真实感实时绘制技术

为了在虚拟世界中实现虚拟现实系统，除了立体显示技术，对真实性和实时性也有要求。也就是说，虚拟世界的生成不仅需要真实的立体感，并且还必须生成实时的虚拟世界。为此，需要采用真实感实时绘制技术，以满足实时逼真渲染要求。当用户的观看点发生变化时，图形显示速度必须跟上角度变化的速度，否则会有滞后，这对目前的计算机显示提出了较高的要求。

（4）三维虚拟声音的实现技术

三维虚拟声音可以让用户精确判断在虚拟场景中声源的具体位置，这符合人们在现实世界中的听觉模式。虚拟环绕声技术的价值在于使用两个扬声器模拟环绕立体声的效果。这种效果虽然不能与真正的家庭影院效果进行媲美，但也是可以接受的一种具备较好体验的虚拟技术。

3.　虚拟现实的应用

虚拟现实被认为是下一代娱乐业的终端形式，具有传统娱乐方式不可比拟的优势：沉浸感。理想的虚拟现实能够让人分不清现实和虚拟。近年来，随着计算机技术、交互技术和人工智能等相关技术的快速发展，虚拟现实技术取得了巨大的进步，特别是需要在三维空间中表现仿真模拟的过程或结果且需要实时地直接交互时，虚拟现实技术具有很大的优势。

（1）教育

目前，虚拟现实已经成为家长和学生喜欢的教学方法。浸没式和多路交互使人们感觉很有趣。通过化学和物理的模拟实验，学生可以学习相关知识，不用冒着可能的风险在现实中做实验。例如，佛罗里达大学已经开发出一种虚拟的实验室环境，用来锻炼学生的野外生存技能。

（2）医疗卫生

虚拟现实技术最早在医疗领域得到了应用。疾病的诊断是医疗关键的第一步。虚拟现实技术可以用来模拟各种体征患者的心脏和肺部疾病，从而可以应用在触诊、听诊实习培训方面。这个虚拟实习过程不仅是现实的，而且可安排在空闲的时间学习，学习效果很好。早在 1998 年，Systems 公司就推出了一种支气管镜检仿真器，让用户可以真实地体验镜检过程中的触觉反馈。

（3）科学可视化

科学可视化是指利用计算机图形学和图像处理技术，将科学计算过程或数据转换成图形或图像并显示在屏幕上进行交互式处理的技术。对于许多复杂的分子结构、3D 数据，图像分析技术和二维的传统方法很难对其进行确认和计量。虚拟现实技术的使用可以动态地表达三维计算过程，形象生动，让用户沉浸在一个虚拟环境中，使用自然直观的方式与虚拟世界互动，加深对科学数据的理解。

思　考　题　

1．请列举生活中一些常见的机器人，分析其结构组成。

2．生活中有很多例子可以证明机器学习的价值。请举例并说明。

3．请思考人工神经网络是如何实现像"人"一样进行学习的。

4．探讨未来自动驾驶普及的可行性及可能遭遇的困境。

5．计算机能够根据人说话的语气来判断人的情感吗？如果可以，实现中需要哪些技术支持？

6．分析群体智能与个体智能的不同点及联系。

7．查阅资料，讨论人机交互技术的发展趋势。

8．分析增材制造和传统制造的不同之处。

9．大数据技术中数据是核心，探讨快速获得大量廉价数据的方式。

10．调查一下用户对哪些虚拟现实的应用场景最感兴趣，探讨虚拟现实未来的商业布局。

第3章

灯光的智能控制

1. 熟悉车灯的控制原理。
2. 掌握图形化编程环境的配置。
3. 掌握基本的 mBlock 编程指令。

车马纷纷白昼同，万家灯火暖春风。无论是遥远的古代还是文明的现代，灯都无处不在。作为夜晚行车的第一个动作，车灯的点亮十分重要。

3.1　车灯的控制原理

车灯一般使用的是发光二极管（Light Emitting Diode，简称 LED），即一种可以将电能转化为可见光的固态半导体器件。LED 灯发光的控制不同于传统的电灯或电棒，传统的电灯是基于电流的热效应原理制成的，可以通过 220V 的交流电直接供电，而 LED 灯则是直接将电能转化为光，使用的是 5V 的直流电。传统电灯和 LED 灯控制的区别如图 3-1 所示。

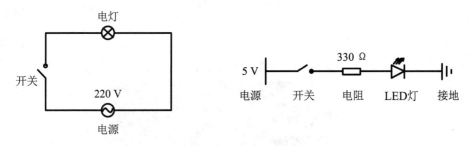

图 3-1　传统电灯和 LED 灯控制的区别

在车灯的控制中，为了控制的灵活与可编程性，往往使用三极管来取代开关，由单片机作为控制器来控制三极管的通断，以实现灯的点亮和熄灭，如图 3-2 所示。三极管是半导体基本元器件之一，由基极、发射极和集电极三个引脚组成，可以通过基极来控制发射极与集电极之间的通断。

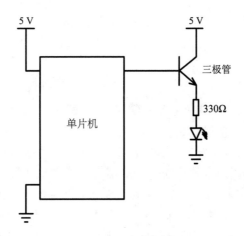

图 3-2　车灯的控制原理图

3.2　编程环境的配置

3.2.1　硬件模块的组成

1.　认识 Arduino 控制板

Arduino 控制板是一种便捷灵活、易于操作的单片机微控制系统，包括硬件和软件两部分，于 2005 年研制成功。硬件部分由微控制器、通用输入/输出（I/O）接口、电源模块和程序下载端口等组成，你可以将其看作是一块微型计算机主板。软件部分则主要由计算机端的 Arduino IDE 以及相关的板级支持包和丰富的第三方函数库组成。Arduino 控制板是一个开源平台，目前已衍生出了多种不同型号的控制器，如 Arduino Uno、Arduino Nano、Arduino Yun 等。

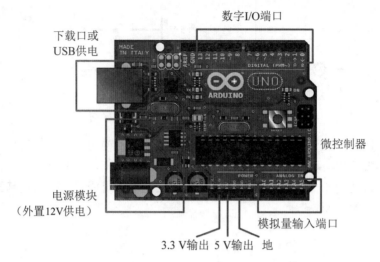

图 3-3　Arduino 硬件部分组成

2.　认识 LED 灯

LED 灯是由含镓（Ga）、砷（As）、磷（P）、氮（N）等化合物制成的半导体器件。根据含有化合物的不同发出的颜色也不同，比如砷化镓二极管发红光，磷化镓二极管发绿光，碳化硅二极管发黄光，氮化镓二极管发蓝光等，不同的 LED 灯如图 3-4 左图所示。LED灯除了可以照明外，在电路及仪器中也作为指示灯，或者组成显示的文字或数字。

LED 灯是一种常用的发光器件，通过电子和空穴复合释放能量发光，可以将电能高效地转化为光能，具有功耗小、使用寿命长等优点。LED 灯的核心部分由 P 型半导体和 N 型半导体组成 PN 结，具有单向导电性，因此 LED 灯一般有两个引脚，长的引脚为正极，短的引脚为负极，如图 3-4 右图所示。当给 LED 灯加上正电压时，即长引脚电压高于短引脚电压时会自发辐射荧光，反之则不导通，不会辐射荧光。基于此原理，我们就可以控制 LED灯的点亮和熄灭。

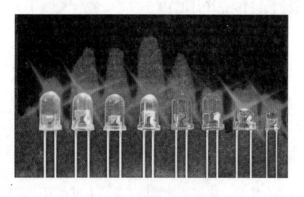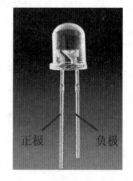

图 3-4　常见的 LED 灯及其结构

3. 硬件模块的连接

车灯控制的硬件部分主要有 4 个元器件，即 Arduino 控制板、LED 灯、三极管、电阻。根据 3.1 节介绍的车灯控制基本原理，车灯控制硬件模块的连接如图 3-5 所示。

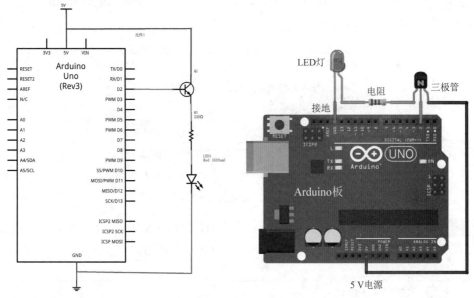

图 3-5　LED 灯硬件连接示意图

需要注意的是三极管为了能实现开关的作用，其基极，即中间的引脚必须与 Arduino 板的数字输出口连接，图 3-5 左图中连接的是端口 2，通过控制该端口电平的高低就可以控制 LED 灯的点亮和熄灭。LED 灯的正极通过电阻与三极管的发射极连接，LED 灯的负极接地，三极管的集电极与 5 V 电压源连接。

图 3-5 给出的仅仅是单个 LED 灯的连接示意图，由于车上一般有 4 个灯，前面 2 个，后面 2 个，所以需要 4 个 LED 灯，4 个 LED 灯一般就需要 4 个端口的控制，其余部分的连接可以参考图 3-5。图 3-6 给出了硬件模块连接后的实物图，图中共有 4 个 LED 灯分别位于小车的前后两端，LED 灯通过一个面包板与 Arduino 板进行连接。

图 3-6　硬件模块连接的实物图

4. 软件安装

在进行车灯控制之前，首先需要安装编程软件进行程序的编写，本书中使用的编程软件为可视化图形编程软件 mBlock，其安装的详细步骤如下。

第一步：双击"mBlock_win_V3.4.12.exe"文件，即 ❖ 图标，此时会弹出如图 3-7 所示的界面，然后单击"确定"按钮。

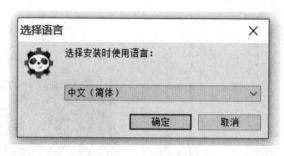

图 3-7　选择语言界面

第二步：进入安装向导中的"许可协议"界面，如图 3-8 所示。阅读完成后，选中"我接受协议（A）"单选按钮，然后单击"下一步（N）"按钮。

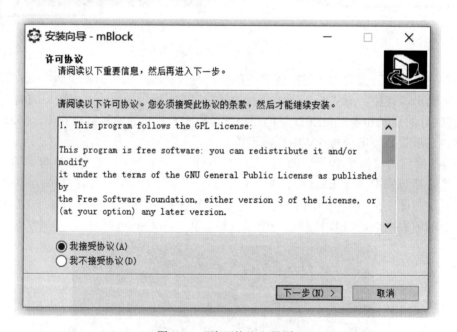

图 3-8　"许可协议"界面

第三步：进入安装向导中的"选择安装位置"界面，如图 3-9 所示。我们选择默认的安装位置即"C:\Program Files (x86)\mBlock"，然后单击"下一步（N）"按钮。

图 3-9　"选择安装位置"界面

第四步：进入安装向导中的"选择开始菜单文件夹"界面，如图 3-10 所示，我们选择默认的安装位置即"mBlock"，然后单击"下一步（N）"按钮。

图 3-10　"选择开始菜单文件夹"界面

第五步：选择是否创建桌面快捷方式，如图 3-11 所示。默认情况下是勾选的，接着单击"下一步（N）"按钮。

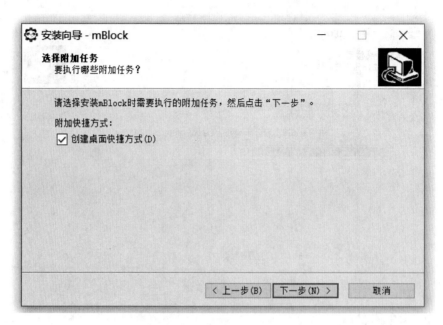

图 3-11　"选择附加任务"界面

第六步: 在接下来出现的界面中,单击"安装(I)"按钮,即可进入安装模式,如图 3-12 所示。

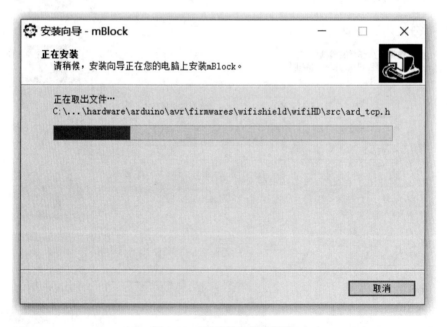

图 3-12　"正在安装"界面

第七步: 安装完成后,会显示"mBlock 安装完成"界面,在这里可以选择是否立即运行 mBlock 软件,若不立即运行,可以清除"运行 mBlock"复选框(默认情况是立即运行 mBlock 软件),然后单击"结束"按钮,如图 3-13 所示。

图 3-13 "mBlock 安装完成"界面

5. 软件扩展库的添加

mBlock 软件安装完成之后,会在计算机桌面上添加一个 mBlock 图标,如图 3-14 所示。软件安装完成之后只是包含了基本的功能,但是在实际使用中,软件的基本功能可能并不能满足我们的需要,因此需要对软件添加一些必要的扩展库。扩展库的具体安装步骤如下。

图 3-14 mBlock 软件快捷方式

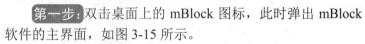第一步:双击桌面上的 mBlock 图标,此时弹出 mBlock 软件的主界面,如图 3-15 所示。

图 3-15 mBlock 软件的主界面

第二步：选中"不再提示"复选框，接着单击"稍后下载"按钮，然后单击右上角的白色的大叉图标，如图 3-16 所示。

图 3-16　软件更新版本提示界面

这时会进入主界面，如图 3-17 所示。

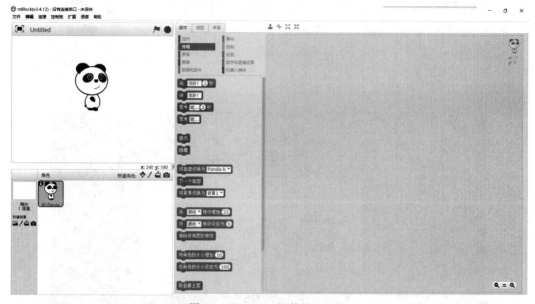

图 3-17　mBlock 软件的主界面

第三步：单击"控制板"菜单，勾选"Arduino Mega 2560"选项，我们的主控制板就是这个芯片，如图 3-18 所示。

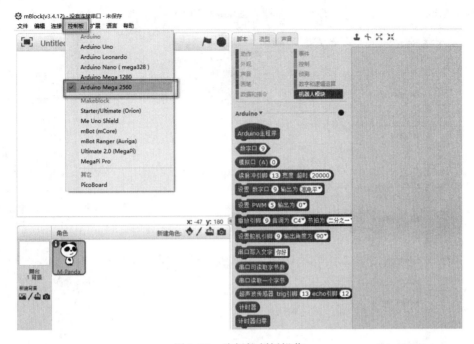

图 3-18　选择控制板操作

第四步：添加我们所需要的库，为此单击"扩展"菜单，然后单击"扩展管理器"选项，如图 3-19 所示。

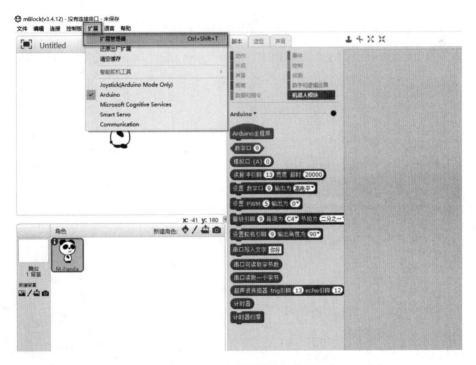

图 3-19　选择扩展库操作

添加完成后，单击"添加扩展"按钮，如图 3-20 所示。

图 3-20　添加扩展库操作

在弹出的"please select file"对话框中，选择"json file(*.json)"选项，如图 3-21 所示。

图 3-21　"please select file"对话框

在弹出的下拉菜单中选择"zip file（*.zip）"选项，如图 3-22 所示。

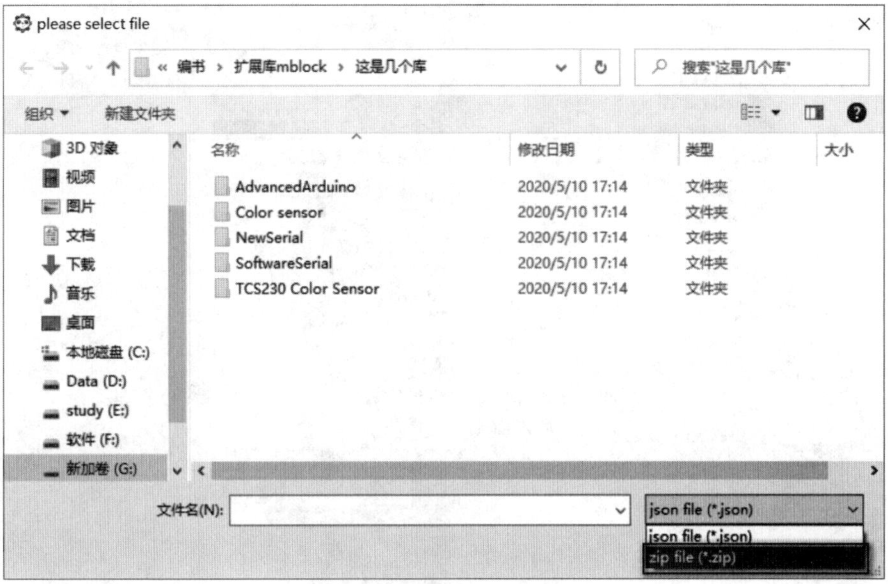

图 3-22　选择扩展库后缀操作

选中一个文件，单击"打开"按钮，即可完成添加，如图 3-23 所示。重复这一步骤，将文件夹中的几个库全部添加进去。

图 3-23　选择并打开扩展库操作

第五步： 添加完成后，继续单击"扩展"菜单，取消选择"Arduino"选项，即取消软件自带的函数，如图 3-24 所示。

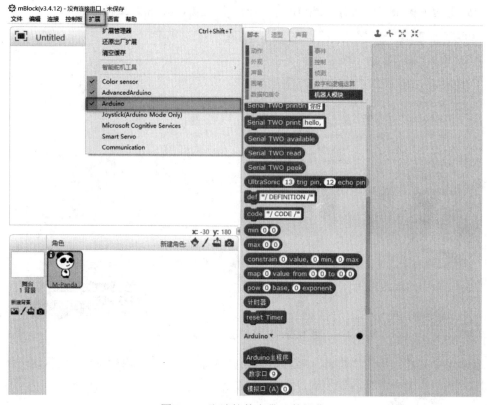

图 3-24　取消软件自带函数操作

至此，软件安装全部完成，安装完成后的软件主界面如图 3-25 所示。

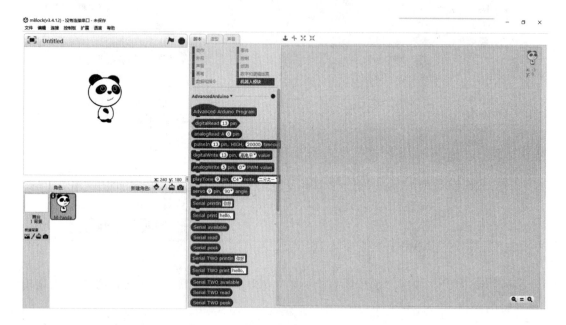

图 3-25　软件全部安装完成后的主界面

3.2.2 软件环境的配置

本书中使用的编程软件是 mBlock 图形化编程软件。图形化编程是将较难理解的编程概念和枯燥的程序语法转化成图形化和模块化的可见即可得的编程方式，通过鼠标拖动式交互来完成编程的核心逻辑。

1. 认识 mBlock 编程软件

mBlock 是基于开源软件 Scratch 开发的图形化编程软件，支持 Makeblock 机器人和 Arduino 编程，可以让使用者轻松地对 Arduino 进行控制。

mBlock 编程界面如图 3-26 所示，主要包括添加设备、程序下载、指令积木、指令编写等窗口。

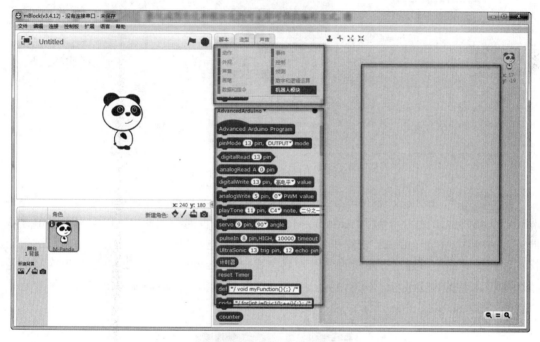

图 3-26　mBlock 编程界面

- 添加设备窗口：用于设备的选择和添加。
- 程序下载窗口：用于将编辑好的程序下载到 Arduino 控制板。
- 指令积木窗口：用于选择不同的控制指令，包含引脚、串口、数据、感知、事件、控制、运算、变量和自制积木等模块，单击不同的模块，在右侧就会显示该模块下对应的具体指令。
- 指令编写窗口：用于控制程序的编写。

2. mBlock 编程环境的配置

在进行程序编写之前，需要对 mBlock 编程环境进行配置，具体步骤如下。

第一步： 添加控制板的型号，如图 3-27 所示。这是由于不同的控制板其编程的指令是有差异的，需要加载相应的编程指令。本书中我们使用的控制板为 Arduino Mega 2560 型号。

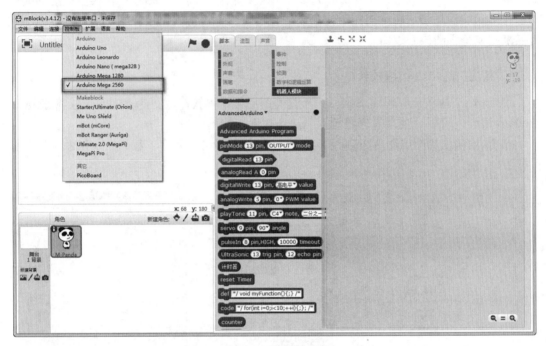

图 3-27 添加控制板弹出的对话框

第二步： 将 mBlock 软件与 Arduino Mega 2560 控制板进行连接，连接的目的是将 mBlock 中编写好的程序下载到 Arduino Mega 2560 控制板的处理器中，以实现对外部设备即车灯的操作。由于 mBlock 软件和 Arduino Mega 2560 控制板是通过计算机的串口进行连接的，因此首先应该通过计算机设备管理器查找出与 Arduino Mega 2560 控制板连接的是哪个串口。查找的过程为：右击计算机桌面上的"计算机"图标，在弹出的对话框中选择"管理"命令，如图 3-28 所示。

图 3-28 选择"计算机"中的"管理"命令

第三步： 选择"管理"命令后会弹出"计算机管理"对话框，在该对话框中找到"设备管理器"命令并单击，此后会出现计算机连接的所有设备，如图 3-29 所示。在"设备管理器"中展开"端口(COM 和 LPT)"菜单栏，找到 Arduino Uno 对应的串口，即后面括号中的串口代码"COM16"，此代码即 Arduino 板连接的计算机串口，记下该串口代码。

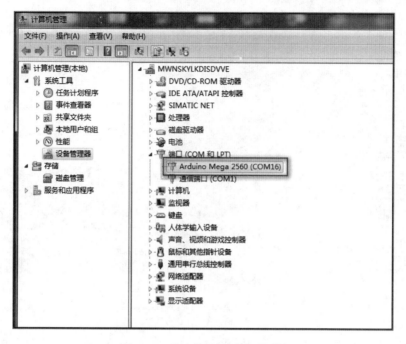

图 3-29　"计算机管理"对话框

第四步：单击"编辑"菜单，选择"Arduino 模式"命令，如图 3-30 所示。

图 3-30　编辑 Arduino 模式操作

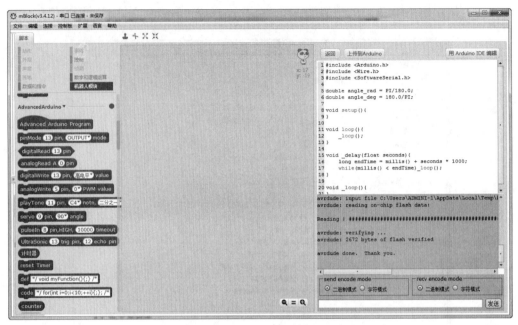

图 3-30　编辑 Arduino 模式操作（续）

第五步：单击"上传到 Arduino"按钮，则程序上传，如图 3-31 所示。

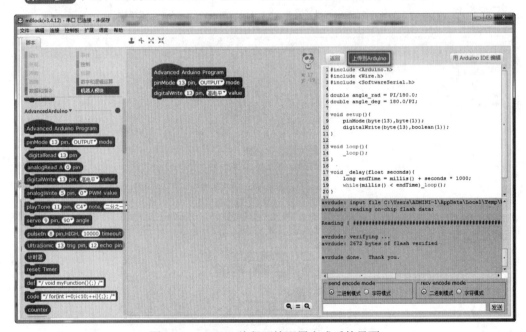

图 3-31　mBlock 编程环境配置完成后的界面

3.3　点亮小车车灯

3.3.1　什么是程序

　　程序，一般称为计算机程序，即一组能被计算机或其他处理器识别和执行的指令，它运行在计算机或处理器上，是用于满足人们某种需求的信息化工具。程序一般是以某种程序设计语言编写的，比如本书中的图形化语言、控制板运行使用的 C 语言。

　　写程序如同写作，比如让一个懂英语的人读懂文章，你就需要用英语来写。因此，如果你要让计算机或处理器读懂你的程序，你就需要以计算机或处理器能读懂的语言来写，但是计算机能读懂的语言，人一般很难读懂，而人读懂的语言，计算机一般都读不懂，此时就需要一个编译器，用于将人能读懂的语言翻译成计算机能读懂的语言。

　　对于 Arduino 板和 mBlock 软件来讲，由于 Arduino 板使用的是 C 语言，而编写的程序使用的是图形化语言，此时就需要 mBlock 软件将人编写的图形化语言编译成 Arduino 能够识别的 C 语言，然后再下载到 Arduino 控制器中，从而控制 Arduino 连接的车灯的点亮和熄灭。

3.3.2　小车车灯的点亮编程步骤

　　为了点亮小车车灯，首先需要启动 Arduino 板，即在指令积木窗口中选择"事件"指令集，在出现的"事件"对话框中找到" 当Arduino启动 "指令，然后将其拖动到指令编写窗口，即可完成 Arduino 板的启动操作，如图 3-32 所示。

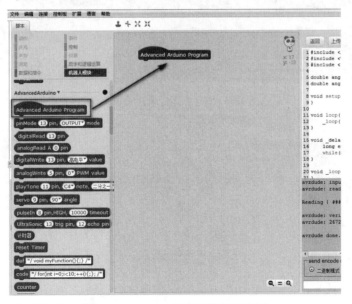

图 3-32　Arduino 板启动操作的编写

启动 Arduino 板后，就需要进行点亮小车车灯的操作。为了点亮小车车灯，需要将车灯对应的 I/O 端口置为高电平，由 3.2.1 节所讲的内容可知，车灯对应的 I/O 为 2，因此只需将 I/O 端口 2 置为高电平即可，具体操作为：在指令积木窗口中选择"引脚"指令集，在出现的"引脚"对话框中找到" 设置 数字口 9 输出为 高电平 "指令，然后将其拖动到指令编写窗口，如图 3-33 所示。

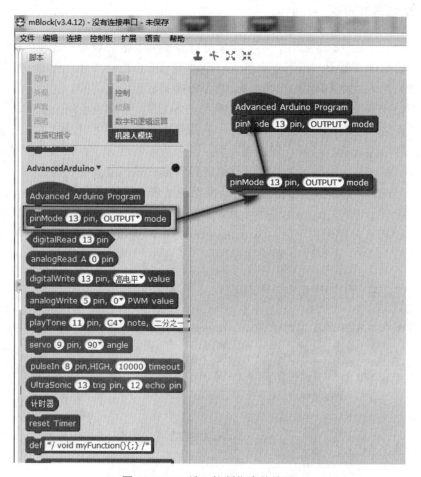

图 3-33　I/O 端口控制指令的编写

然后将" 设置 数字口 9 输出为 高电平 "指令中的"设置数字口"后的数字改为上述车灯连接的端口，即"2"，接着在"输出为"后的下拉菜单中选择"高电平"选项，如图 3-34 所示，即可完成车灯的点亮操作。

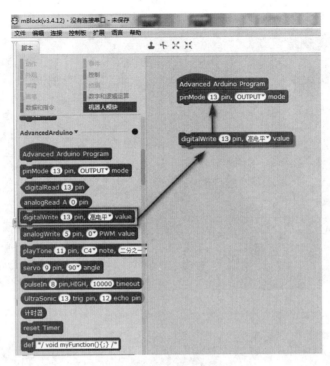

图 3-34 将特定 I/O 端口置为高电平

最后，将写好的程序通过计算机串口下载到 Arduino 板的控制器中，就可以运行程序了，具体操作为：单击程序下载窗口中的"上传到 Arduino"按钮，如图 3-35 中框选所示，然后会弹出上传进度条，当进度条显示 100%时，即可完成上传，如图 3-36 所示。此时 Arduino 板就可以执行该程序，点亮小车车灯了。

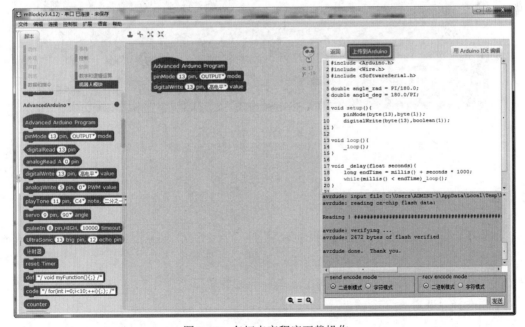

图 3-35 车灯点亮程序下载操作

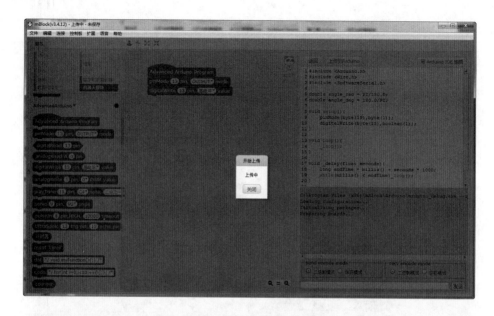

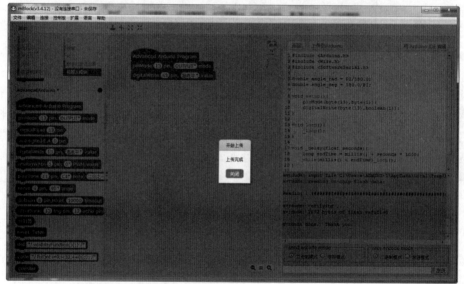

图 3-36　程序上传进度条

3.3.3　小车车灯的熄灭编程步骤

小车车灯的熄灭程序与小车车灯的点亮程序基本一致，不同之处在于，熄灭小车车灯时需要将车灯对应的 I/O 端口置为低电平，如图 3-37 所示，即将"◯◯ 设置 数字口 ⑨ 输出为 高电平 ▼"指令中的"设置数字口"后的数字改为上述车灯连接的端口"2"，接着在"输出为"后的下拉菜单中选择"低电平"选项。

图 3-37　将特定 I/O 端口置为低电平

当车灯熄灭程序编写完成后，单击程序下载窗口中的"上传到 Arduino"按钮，如图 3-35 中框选所示，将上述程序下载到 Arduino 控制板处理器中，下载完成后即可熄灭小车车灯。具体操作如图 3-35 和图 3-36 所示，此处不再详述。

3.4　扩展：制作一个流水灯

3.4.1　什么是流水灯

流水灯就是将一组 LED 灯在控制程序的控制下按照设定的顺序和时间点亮和熄灭，形成一定的视觉效果。流水灯常用于街道两边的店面和招牌上面，使其更美观、炫酷。有时在车上也会安装流水灯，起到炫酷和安全警示的作用，效果如图 3-38 所示。

图 3-38　车灯流水灯实物图

3.4.2　流水灯的核心指令

流水灯的实现原理就是将车灯按一定顺序点亮和熄灭，因此除了上述的点亮和熄灭指令，还需要用到循环指令和暂停指令，下面分别对其进行简要介绍。

1. 循环指令

循环指令主要是用于某些需要重复执行的程序进行循环运行。循环指令共包含三种类型：无限循环指令、限定次数循环指令和条件控制循环指令，如图 3-39 所示。循环指令包含在指令积木窗口中的"控制"指令集中。

图 3-39　三种不同的循环指令类型

（1）无限循环指令：循环的次数不受限制的循环指令。程序一旦开始，循环体内的程序会一直运行，直到强制退出为止。

（2）限定次数循环指令：循环体内的程序执行的次数在程序开始执行前是设定好的，当程序循环到指定次数后会自动退出循环体。

（3）条件控制循环指令：循环体内的程序每执行一次之后，都会根据循环条件进行判断，如果满足循环条件，则循环会继续进行，否则会自动退出循环体的执行。

2. 暂停指令

暂停指令主要是用于当某句程序执行完之后需要停止的场合。在流水灯制作中，LED灯的点亮和熄灭操作之后必须暂停一定的时间，因为人眼的视觉暂留时间为 0.05～0.2 秒，当灯的点亮时间低于这个时长时，人眼会反应不过来，从而观察不到车灯的改变。因此，车灯的点亮和熄灭时间必须大于人眼的暂留时间。暂停指令也包含在指令积木窗口的"控制"指令集中，如图 3-40 所示。

图 3-40　暂停时间指令

当需要改变程序的暂停时间时，只需要将暂停指令放置到该指令之后即可，通过改变暂停指令中"等待"后的数字，即可改变暂停时间。流水灯中，LED 灯点亮和熄灭的时间一般设置为 0.5 秒最佳。

3.4.3　制作流水灯的编程步骤

在流水灯的制作中，我们主要基于小车的 4 个车灯进行流水灯的制作，4 个车灯的连接端口分别设定为 I/O 口 2、3、4、5，按顺时针方向点亮和熄灭。流水灯制作原理图如图 3-41 所示。

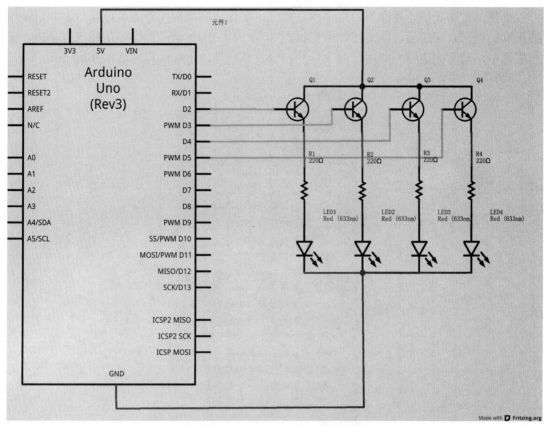

图 3-41　流水灯实现的电路原理图

如图 3-42 所示，如果让小车车灯按顺时针方向依次点亮，即端口 2、端口 3、端口 4 和端口 5 对应的 LED 灯依次被点亮，那么当端口 2 对应的 LED 灯点亮时，其余端口对应的 LED 灯必须处于熄灭状态。因此在编写程序时，当其中一个端口处于高电平时，其余端口需处于低电平状态。

基于上述原理，顺时针流水灯编程步骤如下。

第一步： 在指令积木窗口中选择"事件"指令集，在出现的"事件"对话框中找到" 当Arduino启动 "指令，将其拖动到程序编写窗口，启动 Arduino 板。

第二步： 在指令积木窗口中选择"控制"指令集，在出现的"控制"对话框中找到无限循环指令" 重复执行 "，将其拖动到程序编写窗口，放置在" 当Arduino启动 "指令下。

第三步： 在指令积木窗口中选择"引脚"指令集，在出现的"引脚"对话框中找到" ∞ 设置 数字口 9 输出为 高电平 "指令，将其拖动到指令编写窗口，拖动 4 次，依次放置在" 重复执行 "指令中，并将对应的"数字口"依次更改为 2、3、4、5。然后将数字口"2"对应的电平改成"高电平"，其余端口对应的电平改为"低电平"。

第四步： 在指令积木窗口中选择"控制"指令集，在出现的"控制"对话框中找到暂停指令" 等待 1 秒 "，将其拖动到程序编写窗口，放置在" 重复执行 "指令中，在上述 4 个引脚控制指令下，将"等待"时间改为"0.5"秒。

重复上述第三步、第四步，再依次添加三组上述引脚控制指令和暂停指令，并更改相应引脚的电平。完成后，将上述程序根据图 3-16 和图 3-17 所示的操作下载到 Arduino 板控制器中，即可完成整个顺时针流水灯的制作。顺时针流水灯的程序如图 3-42 所示。

图 3-42　顺时针流水灯的程序

思　考　题

1. 车灯的控制原理是什么？车灯的控制与普通电灯的控制有什么异同？

2. 什么是图形化编程？请简要介绍一下 mBlock 软件的编程环境的配置流程。

3. 请编写程序实现，将车灯点亮 1 秒后熄灭。

4. 请编写程序制作一个逆时针流水灯，每个 LED 灯的点亮时间分别设置为 0.1 秒、0.3 秒、0.5 秒和 1 秒，看看它们之间有什么区别。

5. （扩展题）请编写程序实现一个流水灯，使小车对角的两个车灯同时点亮，而另两个对角的车灯熄灭，并使两组车灯依次点亮和熄灭，循环 10 次后自动停止。

第 4 章

交通灯的智能识别

1. 熟悉交通灯识别的原理。
2. 掌握颜色传感器的使用。
3. 了解颜色构成的 RGB 三色系。
4. 能够自己制作颜色辨识器。

交通灯在人们日常出行中扮演着重要的角色，是现代交通秩序维护的标志。无人驾驶作为一种新兴技术，准确识别交通标识是其智能化的基本体现。

4.1 交通灯的识别原理

交通信号灯的检测与识别是无人驾驶与辅助驾驶必不可少的一部分，其识别精度直接关乎智能驾驶的安全。一般而言，在实际的道路场景中采集的交通信号灯图像具有复杂的背景，而感兴趣的信号灯区域只占很少的一部分，如图 4.1 所示。

图 4-1　交通灯示例

针对这种复杂的情况，主要的处理流程分为三个步骤：① 图像识别预训练；② 图像分割；③ 图像识别。具体为，首先训练系统识别红、黄、绿三种基本交通灯的颜色，然后对所采集的图像进行分割，根据信号灯所特有的形状特征和角点特征等，循环监测，直至找到感兴趣区域（交通灯所在的区域）（如图 4-2 所示），最后进行红、黄、绿三种颜色的识别。

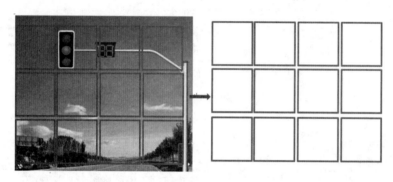

图 4-2　搜索感兴趣区域流程

交通灯的识别涉及对图像的颜色区分，可通过颜色传感器实现交通灯的颜色识别，颜色传感器是将物体颜色同前面已经训练过的参考颜色进行比较来检测颜色的。当两个颜色在一定的误差范围内相吻合时，输出检测结果。光由三原色组成，三原色一般指的是红、绿、蓝三种，简称 RGB（如图 4-3 所示）。程序首先把颜色传感器中的红色、绿色、蓝色的值读取出来，然后进行判断，在不同的光照环境下读取到的自然光的值会有所不同，实验室要注意调节判断条件，这样才能有更好的反应。

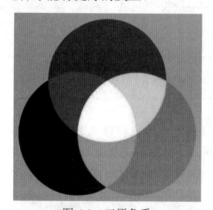

图 4-3　三原色系

不同颜色（红黄绿）在步骤①的颜色识别预训练时，根据 HSV 空间内不同颜色的设定范围进行识别，并给出不同的识别标识。在步骤②的图像分割中，找到红、黄、绿三种颜色所在的信号灯区域。在理想情况下，判断此时的颜色与参考颜色是否对应，经过颜色识别，结果可能有如下 3 种情况：

① 感兴趣区域为红色对应的色域，小车前进指示灯熄灭。

② 感兴趣区域为黄色对应的色域，小车前进指示灯熄灭。

③ 感兴趣区域为绿色对应的色域，小车前进指示灯亮起。

4.2　颜色传感器

　　本案例中的颜色识别模块名为 TCS34725。TCS34725 是一款低成本、高性价比的 RGB 全彩颜色识别传感器（如图 4-4 所示），它通过光学感应来识别物体的表面颜色，支持红、绿、蓝（RGB）三原色，支持明光感应，可以输出对应的具体数值。为了提高精度，防止周边环境干扰，在传感器底部添加了一块红外遮光片，大大减小了入射光的红外频谱成分，让颜色管理更加准确。传感器的板子自带 4 个高亮 LED，可以让传感器在低环境光的情况下依然能够正常使用，实现"补光"的功能。模块采用 I^2C 通信，拥有 PH2.0 和 XH2.54（面包板）两种接口，用户可以根据自己的需求来便利地选择接口。使用前需要通过实验校准传感器，为此将不同颜色的纸张放在传感器前面并记下输出电压，然后就可以在 Arduino 程序中使用此值了。

图 4-4　RGB 全彩颜色识别传感器

4.3　让小车智能识别红绿灯

4.3.1　主要材料准备

　　所需的主要材料如下：
- 颜色传感器
- Arduino 开发板
- 连接导线
- 发光二极管

4.3.2　硬件组装

第一步： 将引脚焊接到颜色传感器上，通过导线进行连接，如图 4-5 所示。

图 4-5　颜色识别模块和外部接口的连接

第二步： 导线的另一端与 Arduino 开发板的对应接口进行连接，如图 4-6 所示。

图 4-6　导线的另一端与 Arduino 开发板的对应接口连接

4.3.3　小车识别红绿灯的编程步骤

首先需要启动 Arduino 板，即在指令积木窗口中选择"事件"指令集，在出现的"事件"对话框中找到"启动"指令，然后将其拖动到指令编写窗口，即完成了 Arduino 板的启动操作。具体代码编写步骤如下。

第一步： 打开"机器人模块"，然后将模块的"Advanced Arduino Program"积木放在主编程界面（这个类似于 C 语言编程的头文件）。

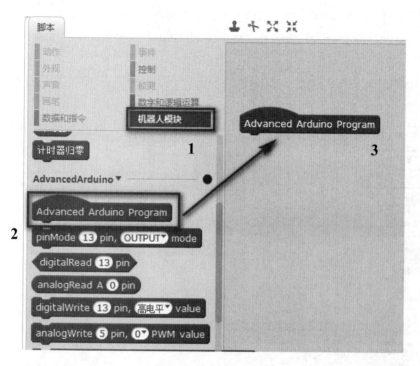

图 4-7 打开"机器人模块"

第二步：将"机器人模块"下的"Serial begin 115200"积木放在"Advanced Arduino Program"积木下（这个是将串口初始化，波特率为 115200），如图 4-8 所示。

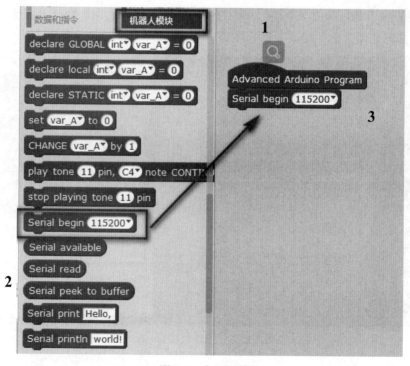

图 4-8 串口初始化

第三步: 将"控制"模块下的"重复执行"积木放在串口初始化积木下,将 Color sensor 模块下的"trigger color sensor 接口 6,no data adjustment"积木放在"重复执行"积木下,如图 4-9 所示。

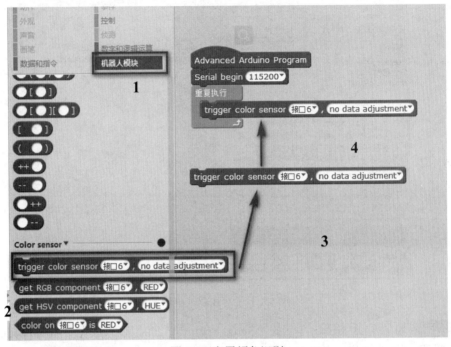

图 4-9　布置颜色识别

第四步: 在"数据和指令"模块下,选择"新建变量"选项,打开"新建变量"对话框,在对话框中定义变量名时,请使用英文字母,然后单击"确定"按钮,如图 4-10 所示。

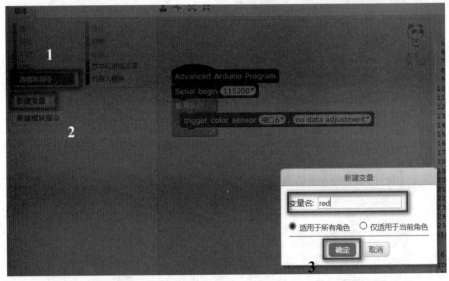

图 4-10　建立颜色变量 red

第五步：用同样的方式，建立 green 和 blue 变量（这里 red、green、blue 三个变量分别用来保存颜色传感器读取出来的红光、绿光与蓝光的值），如图 4-11 所示。

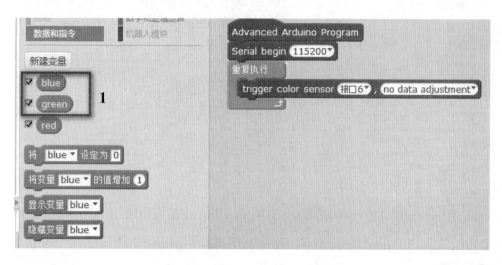

图 4-11　建立颜色变量 green 和 blue

第六步：将"blue"变量设定为"0"，积木放在"trigger color sensor"积木下，设为"接口 6"，属性选择"no data adjustment"，如图 4-12 所示。

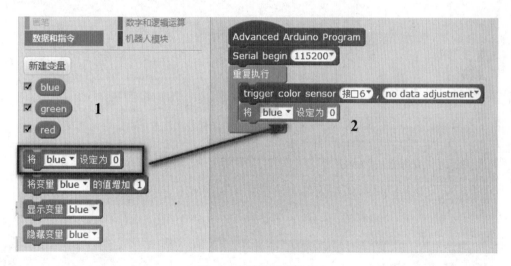

图 4-12　颜色变量组合

第七步：同理，将三个变量都拉过来，单击下三角按钮，分别将三个变量选出，如图 4-13 所示。

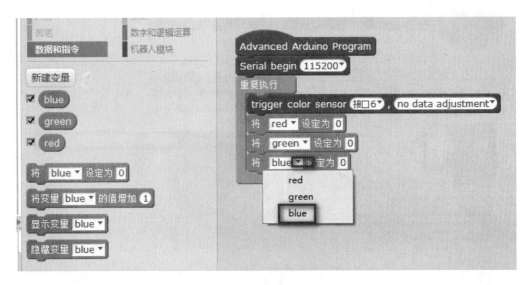

图 4-13　颜色变量选择

第八步：在"Color sensor"模块下，将"get RGB component"放在"red"积木的右侧，设为"接口 6"，同时将读取到的值改为对应的值，例如读取红色时将后面选中"RED"，如图 4-14 所示。

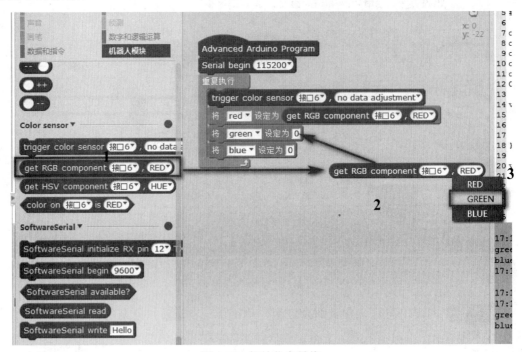

图 4-14　初始化变量值

第九步: 在"机器人模块"下,选择"Serial print"积木,然后将其放置到颜色变量积木下。将读取的值在串口中输出,并且 1 秒打印一个数据(如图 4-15 所示),然后下载。

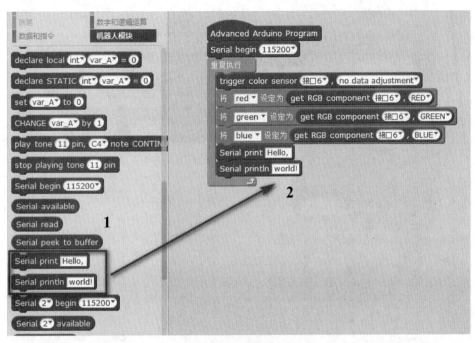

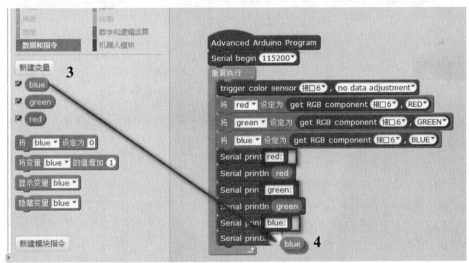

图 4-15 数据打印

第十步: 将程序下载到开发板(如图 4-16 所示),然后进行颜色测试预训练。

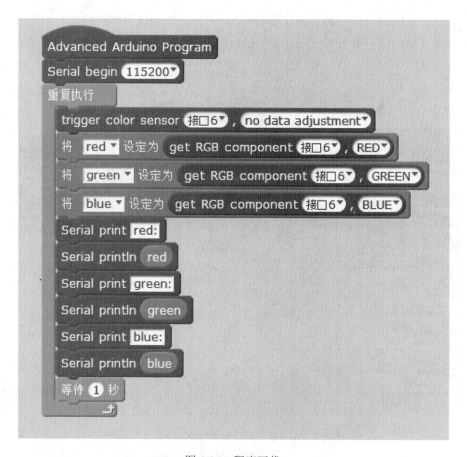

图 4-16　程序下载

第十一步： 此时可以看到在自然光照的情况下，红光值为107，绿光值为84，蓝光值为81，如图4-17所示。在不同的光照强度下，这三个值会有所不同。

```
17:30:17.388 < red: 107.00
green: 84.00
blue: 81.00

17:30:18.390 < red: 107.00
green
17:30:18.399 < : 84.00
blue: 81.00
```

send encode mode
⊙ 二进制模式　○ 字符模式

recv encode mode
○ 二进制模式　⊙ 字符模式

发送

图 4-17　红、绿、蓝三种光的颜色值监测结果

第十二步：将得到的颜色值用来控制不同的灯，采用判断语句进行颜色识别。总体程序如图4-18所示。

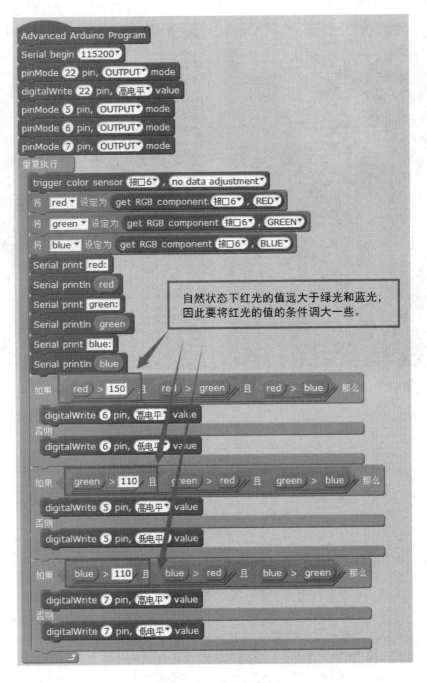

自然状态下红光的值远大于绿光和蓝光，因此要将红光的值的条件调大一些。

图4-18　总体程序

4.3.4 效果展示

将程序上传到 Arduino 开发板，然后进行演示，实际效果如图 4-19 和图 4-20 所示。

图 4-19　识别红光效果

图 4-20　识别绿光效果

4.4　扩展：制作一个颜色辨识器

4.4.1　制作颜色辨识器的任务描述

在 4.4.3 节中，让小车对简单的红、黄、绿三种光颜色进行了识别，而现实中却具有更多的颜色，通常我们将这些颜色分为赤、橙、黄、绿、青、蓝、紫 7 种。本案例带领大家制作一个识别这 7 种颜色的颜色辨识器装置。该装置包括带颜色光源、颜色传感器、连接导线和发出对应颜色的 LED 灯。当带颜色的光源靠近颜色传感器时，传感器将感测到构成该种颜色的 RGB 组成的数值，该数值进一步反馈到对应的三色 LED 灯，发出与带颜色光源一致的颜色，以此判定对该种颜色的准确识别，如图 4-21 所示。

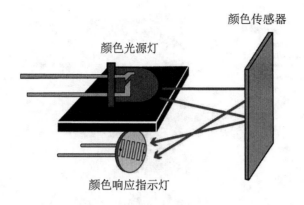

图 4-21　颜色辨识器示意图

4.4.2　硬件组装

硬件组装与 4.3 节所讲的实例一样，其核心区别在于编程控制中需要更多的判断语句来实现 7 种颜色的辨识。

4.4.3　颜色辨识器的编程步骤

首先需要启动 Arduino 板，即在指令积木窗口中选择"事件"指令集，在出现的"事件"对话框中找到"启动"指令，然后将其拖动到指令编写窗口，即完成了 Arduino 板的启动操作。具体代码编写步骤如下。

第一步：前期编程步骤与 4.3 节基本一致，这里简要描述。首先打开"机器人模块"，然后将模块的"Advanced Arduino Program"积木放在主编程界面上（这个类似于 C 语言编程的头文件）；将机器人模块下的"Serial begin 115200"积木放在"Advanced Arduino Program"下积木（这个是将串口初始化，波特率为 115200）；将"控制模块"下的"重复执行"积木放在串口初始化积木下，将 Color sensor 模块下的"trigger color sensor 接口 6，no data adjustment"积木放在"重复执行"积木下；在"数据和指令"模块下，单击"新建变量"选项，定义变量名时，请使用英文字母，然后单击"确定"按钮；用同样的方式，建立 green 和 blue 变量（这里 red、green、blue 三个变量分别用来储存颜色传感器读取出来的红光、绿光与蓝光的值），将"blue"变量设定为 0，积木放在"trigger color sensor"积木下，设为"接口 6"，属性选择"no data adjustment"；同理，将三个变量都拉过来，单击下三角按钮，分别将三个变量选出；在"Color sensor"模块下，将"get RGB component"放在"red"积木的右侧，设定为"接口 6"，同时将读取到的值改为对应的值，例如读取红色时将后面选中红色；在"机器人模块"下，选择"Serial print"积木，然后将其放置到颜色变量积木下。将读取的值在串口中输出，并且 1 秒打印一个数据，如图 4-22 所示。

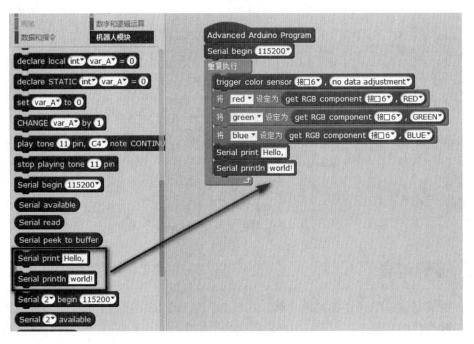

图 4-22　数据打印

第二步： 不同于三种颜色的识别，在这里涉及更多判断条件，需要对其进行叠加整合，下面详细介绍具体的叠加方法。在"数字和逻辑运算"模块选择逻辑指令，限定 red 变量的取值范围，如图 4-23 所示。

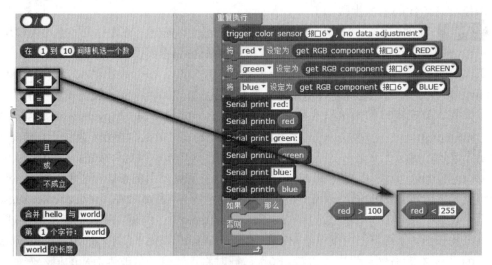

图 4-23　不同颜色 RGB 范围限定

第三步： 将两种判断条件以"且"运算符进行整合，形成逻辑运算。类似地将 blue 和 green 变量进行逻辑运算，如图 4-24 所示。

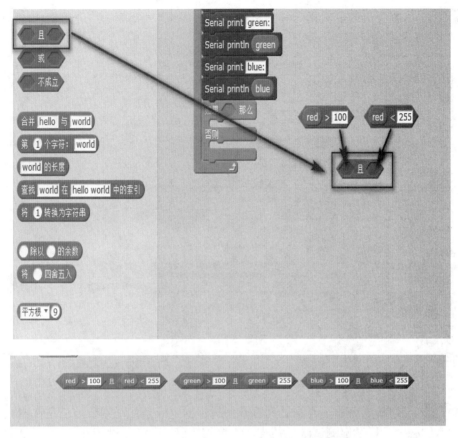

图 4-24　不同颜色 RGB 范围限定的逻辑判断

第四步：将整合后的三种逻辑运算指令再和"与"逻辑运算进行整合，以此对每种颜色的 RGB 范围进行限定，如图 4-25 所示。

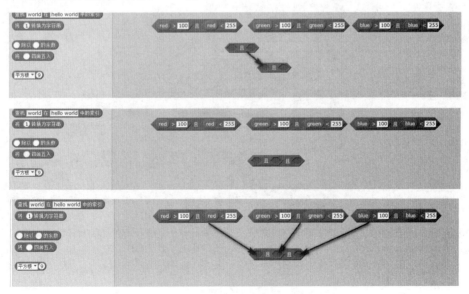

图 4-25　逻辑运算的连接

第五步: 将整合后的逻辑指令和判断控制指令"如果…那么…"进行整合,以此对每种颜色的 RGB 范围进行限定,如图 4-26 所示。

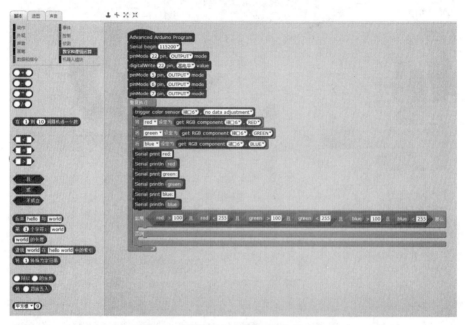

图 4-26　判断语句与逻辑运算的连接

第六步: 在判断语句中,若满足判断条件执行框中的条件,则设定三色 LED 灯的引脚 PWM 值的强度,以发出测试颜色的光,否则将引脚 PWM 值设为 0,如图 4-27 所示。

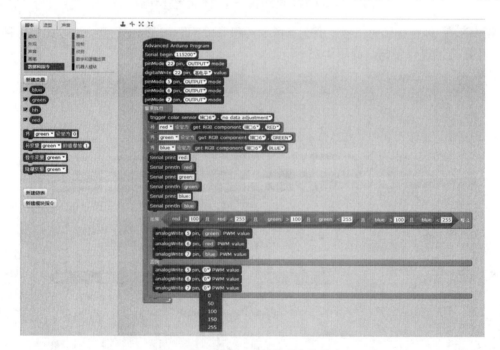

图 4-27　三色 LED 灯的引脚值设定

第七步： 采用类似的方式对 7 种不同颜色光源的 RGB 进行限定，如图 4-28 所示。

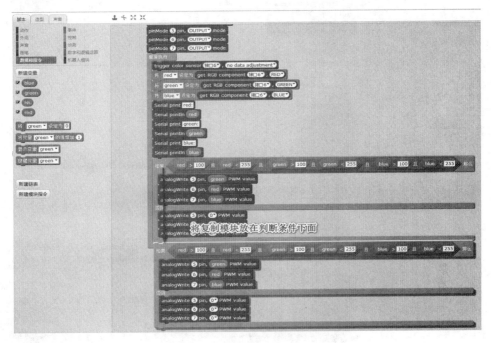

图 4-28 多种三色 LED 灯的设定

第八步： 对 7 种不同颜色灯的 RGB 值进行测试，修改上述值的限定范围，然后将程序上传到 Arduino 开发板，这样就可对不同颜色进行辨识了，总体程序如图 4-29 所示。

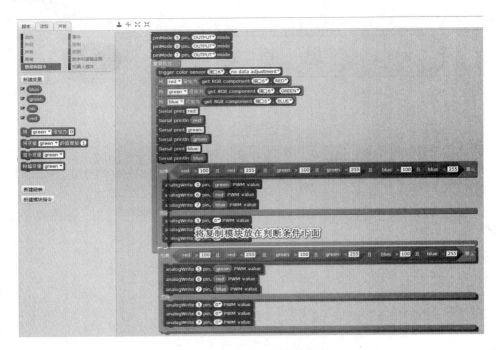

图 4-29 颜色辨识器总体程序

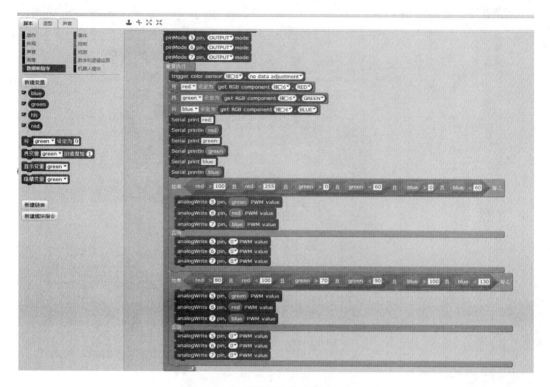

图 4-29　颜色辨识器总体程序（续）

思 考 题

1. 交通灯智能识别的原理是什么？

2. 颜色识别除了利用三原色系，是否还有其他方式？

3. 什么是颜色传感器？请简要介绍一下颜色传感器的识别原理。

4. 请编写程序实现，当小车检测到红灯或黄灯时，指示灯熄灭；当检测到绿灯时，指示灯亮起。

5. 利用颜色辨识器，请编写程序实现，外部光源灯依次改变颜色时，颜色响应指示灯依次亮起相应颜色。

第 5 章

文字的智能处理

人类创造文字进行信息传播已经超过五千年，文字是目前信息的最重要传递媒介之一，并且文字信息遍布于大街小巷，生活中随处可见。机器对文字的智能识别与处理正在改变人类的生活方式，使生活更便捷、更有效率。

5.1 文本识别原理

文本识别是指对文字信息进行正确识别、解析并能够给出正确的逻辑判断指令，文字识别是计算机视觉研究领域的分支之一。文本识别的前提在于文字有效信息的提取，目前的智能处理方式通常有两种：人为输入和光学字符识别技术（OCR）。前者类似于发送指令进行文本的获取，后者类似于人通过眼睛获取，是一种更为高级的文本提取技术。

一般来说，文本识别过程主要由以下 4 个部分组成：①正确地提取文字信息；②正确地分离单个文字；③正确识别单个文字；④正确地连接单个文字。其中①、④属于文字处理技术问题，②、③属于文字识别技术问题。单个文字识别是指利用计算机字典高速地识别呈现在介质（如纸张等）上的数字、英文符号或汉字。

文字识别实际上就是解决文字的分类问题，一般是通过特征及特征匹配的方法来进行处理。特征判别是通过文字类别（例如英文或汉字）的共同规则（如区域特征、四周边特征等）进行分类判别的。它不需要利用各种文字的具体知识，根据特征抽取的程度（知识的使用程度），利用结构分析的办法完成字符的识别。匹配的方法则是根据各国文字的知识采取按形式匹配的方法进行的。按实现的技术途径不同又可分为两种：一种是直接利用输入的二维平面图像与字典中记忆的图像进行全域匹配的；另一种是只抽出部分图像与字典进行匹配，然后根据各部分形状及相对位置关系，与保存在字典中的知识进行对照，从而识别出每一个具体的文字。前一种匹配方法适合于数字、英文符号一类的小字符集；后一种匹配方法适用于汉字一类的大字符集（如图 5-1 所示）。

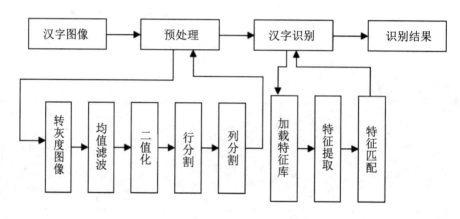

图 5-1　文字识别流程图

5.2　文本解析的实现

本案例以较为简单的文字输入方式，对文本进行解析。文字识别的主要原理是利用 Arduino 芯片中的串口功能，在计算机上通过串口助手输入汉字，然后配置好串口号、波特率等。芯片在读取到数据后，根据对应的数据字典对文本进行解析。数据字典中汉字由十六进制的字符组成。例如：

灯亮对应的十六进制的字符：灯"B5C6"　　亮"C1C1"

灯灭对应的十六进制的字符：灯"B5C6"　　灭"C3F0"

在文本解析中，计算机与小车需要进行通信，核心在于串口的布置。在这里对串口知识进行简要介绍。串口是一种可以将接收到的来自 CPU 的并行数据字符转换为连续的串行数据流发送出去，同时可将接收的串行数据流转换为并行的数据字符供给 CPU 的器件。串口通信（Serial Communications）的概念非常简单，是串口按位（bit）发送和接收字节的一种通信方式。串口通信主要分为串行和并行两种通信，比如说一个字节八位，如果一位一位地通过一根线传输那就是串行通信，但要是八位同时通过八根线一起传输，就是并行通信。串行通信主要有三种传送方式，如图 5-2 所示。

（1）单工：数据传输只支持数据在一个方向上传输，如监视器、电视机。

（2）半双工：允许数据在两个方向上传输，但是，在某一时刻，只允许数据在一个方向上传输，它实际上是一种切换方向的单工通信，如对讲机，只能一个人讲一个人听，但两个人都可以讲和听是做不到的。

（3）全双工：允许数据同时在两个方向上传输，因此，全双工通信是两个单工通信方式的结合，它要求发送设备和接收设备都有独立的接收和发送能力。如打电话，两个人可以同时讲话，并同时听到对方的内容。

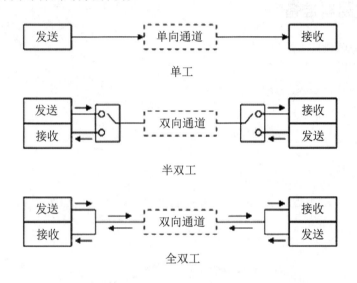

图 5-2　串行通信的三种方式

串口通信最重要的参数是波特率、数据位、停止位和奇偶校验位。对于两个进行通信的端口，这些参数必须匹配。

波特率：指的是信号被调制以后在单位时间内的变化，即单位时间内载波参数变化的次数，这是一个衡量符号传输速率的参数。如每秒钟传送 240 个字符，而每个字符格式包含 10 位（1 个起始位，1 个停止位，8 个数据位），这时的波特率为 240Bd，比特率为 10 位*240 个/秒=2400bps。

起始位：提示接收器数据传输即将开始，即标志传一个字符的开始。必须是持续一个比特时间的逻辑 0（低电平），使数据线处于逻辑 0 低电平状态，发送器通过发送起始位而开始一个字符传送，接收方可用起始位使自己的接收时钟与发送方的数据同步。

奇偶校验位：在串口通信中一种简单的检错方式。有 4 种检错方式：偶、奇、高和低。当然没有校验位也是可以的。

停止位：用于表示单个数据包的最后一位。由于数据是在传输线上定时的，并且每一个设备有其自己的时钟，很可能在通信中两台设备间出现了小小的不同步。因此停止位不仅仅是表示传输的结束，并且提供计算机校正时钟同步的机会。适用于停止位的位数越多，不同时钟同步的容忍程度越大，但是数据传输率同时也越慢。

5.3 　基于文本信息的小车控制

5.3.1 　主要材料准备

所需的主要材料如下：

- 笔记本电脑
- Arduino 开发板
- 连接导线
- LED 指示灯

5.3.2 　硬件组装

第一步：将导线一端与 Arduino 开发板的串口进行连接，如图 5-3 所示。

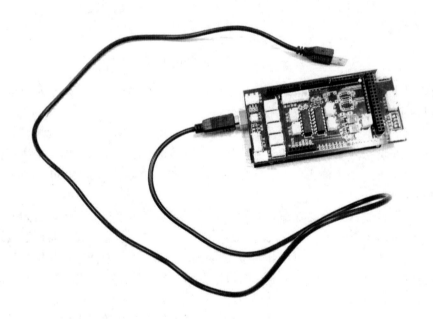

图 5-3　导线与 Arduino 开发板的串口连接

第二步：将导线另一端与计算机进行连接，如图 5-4 所示。

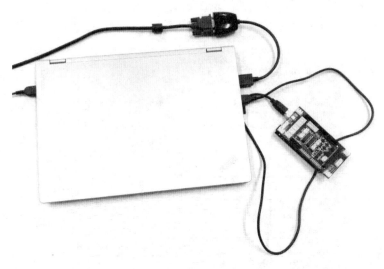

图 5-4 导线与计算机连接

5.3.3 文本信息识别的编程步骤

第一步：打开"机器人模块"，然后将模块的"Advanced Arduino Program"积木放在主编程界面上（这个类似于 C 语言编程的头文件），如图 5-5 所示。

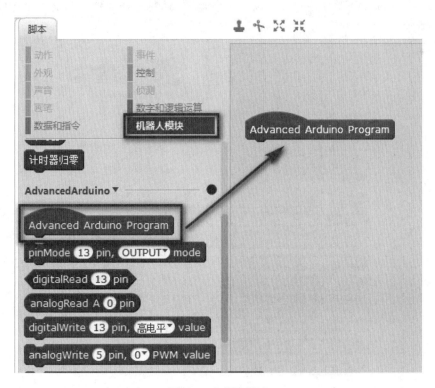

图 5-5 主程序搭建

第二步：将"机器人模块"下的"Serial begin 115200"积木放在"Advanced Arduino Program"积木下（这个是将串口初始化，波特率为 115200），如图 5-6 所示。

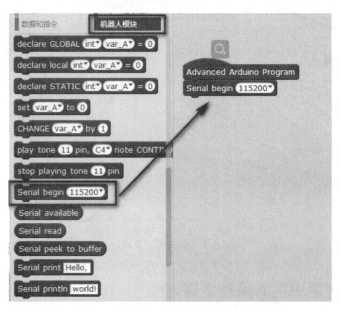

图 5-6　串口初始化

第三步：将"机器人模块"下的"declare GLOBAL int array_A with 10 elements"积木放在串口初始化积木下，并改动数字包含 4 个元素，这种操作类似于定义一个一维的数组，如图 5-7 所示。

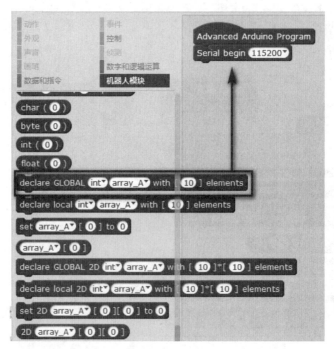

图 5-7　串口初始化

第四步：将"机器人模块"下的"set"积木，放在串口初始化积木下，以定义的数组初始化，并设置灯的引脚输出模式，并拖动"重复执行"指令，如图 5-8 所示。

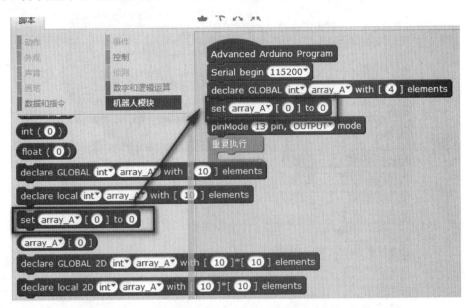

图 5-8　串口指示灯输出模式设定

第五步：在"控制"模块下插入逻辑判断指令，将"机器人模块"下的"Serial available"积木放在判断语句中，判断串口是否接收到数据。如果串口接收到数据，则将数据储存起来，如图 5-9 所示。

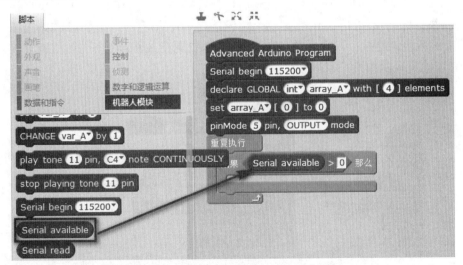

图 5-9　串口指示灯输出模式设定

第六步：在"机器人模块"下将"counter"积木放在逻辑判断指令内，将串口读取到的数据储存在数组里，因为两个汉字是 4 个十六进制的数，因此重复执行 4 次，并等待 0.05 秒，如图 5-10 所示。

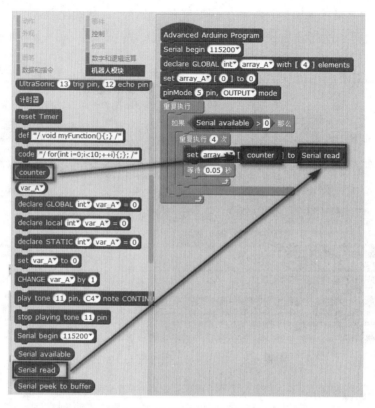

图 5-10　串口接收数据的存储

第七步：查找文本所对应的数据字典，灯亮对应"B5C6C1C1"。判断串口接收到的数据，收到的第一个数据是 0xB5，第二个数据是 0xC6，第三个数据是 0xC1，第四个数据是 0xC1。对应于灯亮指令，将"digitalWrite"积木放置在判断语句下方，引脚设置为高电平，控制灯的打开，如图 5-11 所示。

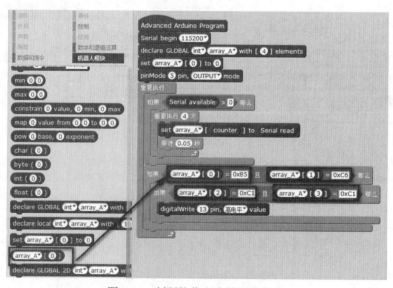

图 5-11　判断接收文本是否为灯亮

第八步： 与此类似，判断串口接收到的数据，收到的第一个数据是 0xB5，第二个数据是0xC6，第三个数据是 0x C3，第四个数据是 0x F0。对应灯灭指令，将"digitalWrite"积木放置在判断语句下方，引脚设置为低电平，控制灯的关闭，如图5-12所示。

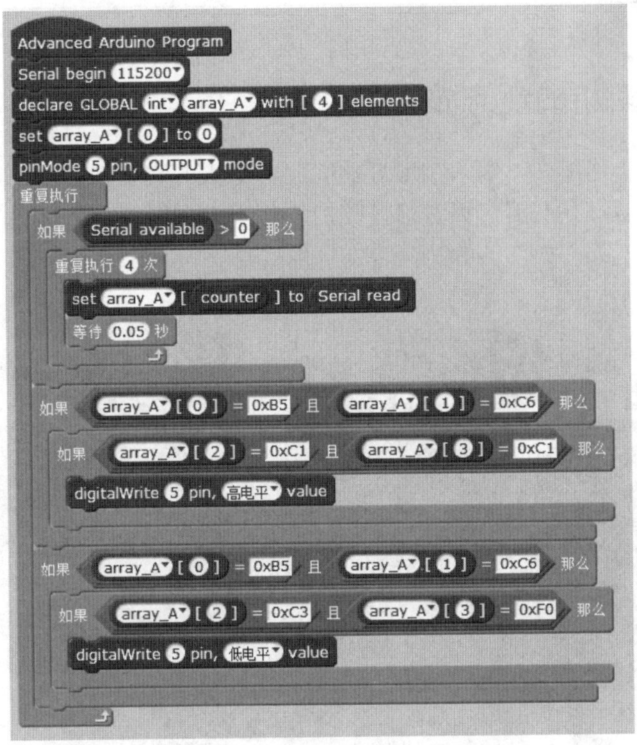

图 5-12　判断接收文本是否为灯灭

第九步： 打开串口调试助手，打开串口号，配置波特率为115200，然后打开串口，在输入框中输入"灯亮"或"灯灭"，这时就可以看到灯亮或灯灭，如图5-13所示。

图 5-13　计算机控制端文本输入设置

5.4 扩展：多文本信息的连续控制

5.4.1 多文本解析的任务描述

本案例通过多个连续文本输入实现灯的亮起、熄灭的连续控制。多连续文本设为"左前灯亮左前灯灭左后灯亮左后灯灭右前灯亮右前灯灭右后灯亮右前灯灭"，实现小车对应车灯的依次亮起和熄灭，如图 5-14 所示。

图 5-14　小车前、后、左、右 4 个车灯的文本连续控制

5.4.2 硬件组装

硬件组装与 5.3 节所讲的实例一样，其核心区别在于编程中需要解析更为复杂的连续文本。

5.4.3 多文本解析的编程步骤

首先需要启动 Arduino 板，即在指令积木窗口中选择"事件"指令集，在出现的"事件"对话框中找到"启动"指令，然后将其拖动到指令编写窗口，即完成了 Arduino 板的启动操作。具体代码编写步骤如下。

第一步： 前期编程步骤与 5.3 节基本一致，这里简要描述。打开"机器人模块"，然后将模块的"Advanced Arduino Program"积木放在主编程界面上（这个类似于 C 语言编程的头文件）；将"机器人模块"下的"Serial begin 115200"积木放在"Advanced Arduino Program"积木下（这个是将串口初始化，波特率为 115200）；将"机器人模块"下的"declare

GLOBAL intarray_A with [10] elements"积木，放在串口初始化积木下，并改动数字包含 4 个元素，这种操作类似于定义一个一维的数组；将"机器人模块"下的"set"积木，放在串口初始化积木下，以定义的数组初始化，并设置灯的引脚输出模式，并拖动"重复执行"指令；在"控制"模块下插入逻辑判断指令，将"机器人模块"下的"Serialavailable"积木放在判断语句中，判断串口是否接收到数据，如果串口接收到数据，则将数据储存起来；在"机器人模块"下将"counter"积木放在逻辑判断指令内，将串口读取到的数据储存在数组里，因为两个汉字是 4 个十六进制数，因此重复执行 4 次，并等待 0.05 秒。

　　第二步：查找文本所对应的数据字典，左前灯亮对应"D7F3C7B0B5C6C1C1"。判断串口接收到的数据，收到的第一个数据是 0xD7，第二个数据是 0xF3，第三个数据是 0xC7，第四个数据是 0xB0，第五个数据是 0xB5，第六个数据是 0xC6，第七个数据是 0xC1，第八个数据是 0xC1。对应于左前灯亮指令，将"digitalWrite"积木放置在判断语句下方，引脚设置为高电平，控制左前灯的打开，如图 5-15 所示。

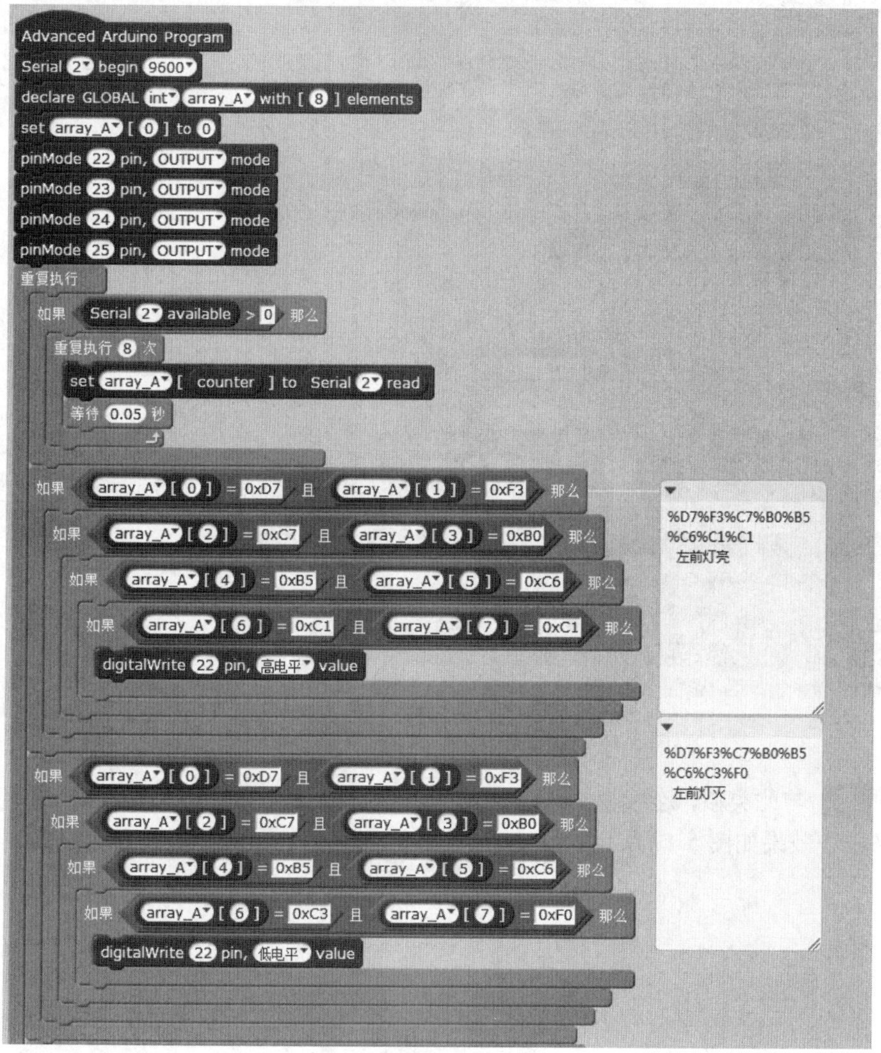

图 5-15　小车左前灯亮灯灭的文本解析程序

第三步： 与此类似，判断串口接收到的数据，收到的第一个数据是 0xD7，第二个数据是 0xF3，第三个数据是 0xBA，第四个数据是 0xF3，第五个数据是 0xB5，第六个数据是 0xC6，第七个数据是 0xC3，第八个数据是 0xC3，对应左后灯灭，将"digitalWrite"积木放置在判断语句下方，引脚设置为低电平，控制左后灯的关闭，如图 5-16 所示。

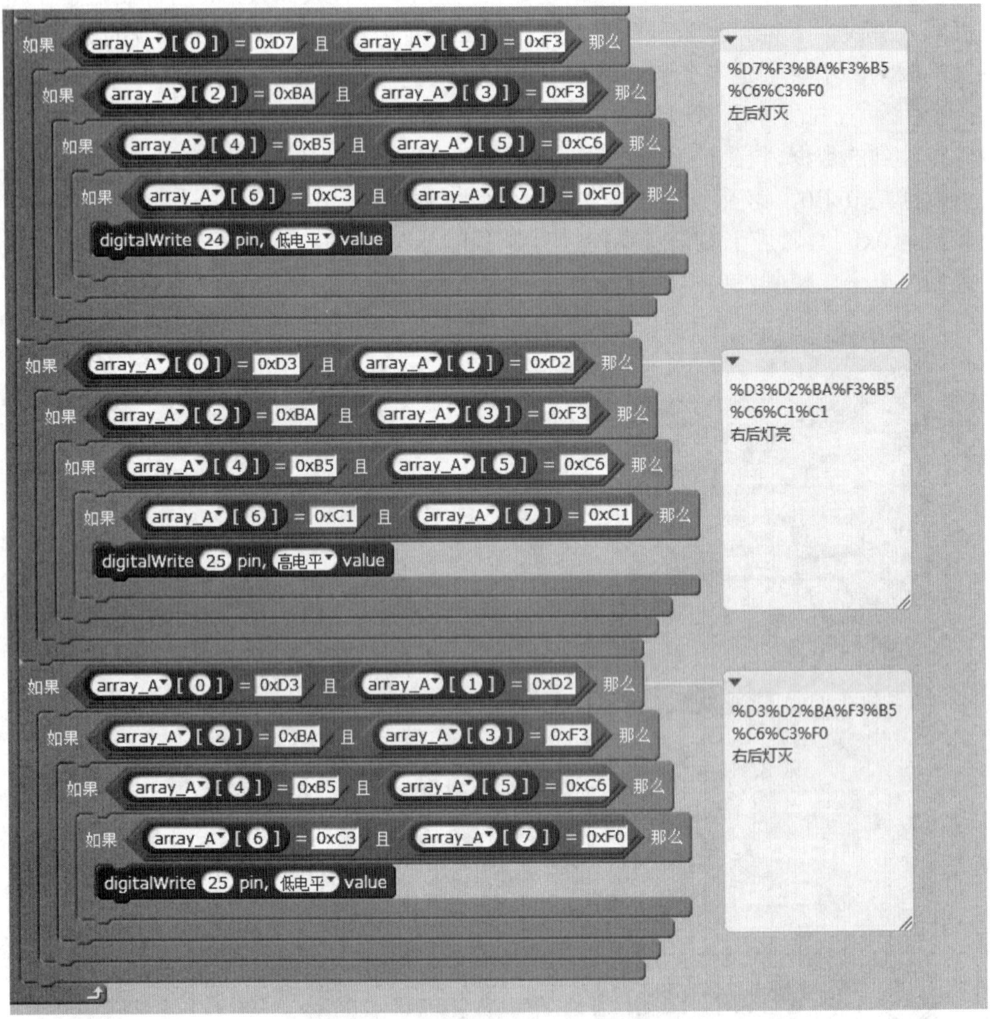

图 5-16　小车左后灯亮灯灭的文本解析程序

第四步： 与此类似，连续编写其余文本解析后对应的控制指令，实现多文本信息的解析。最终程序效果如图 5-17 所示。

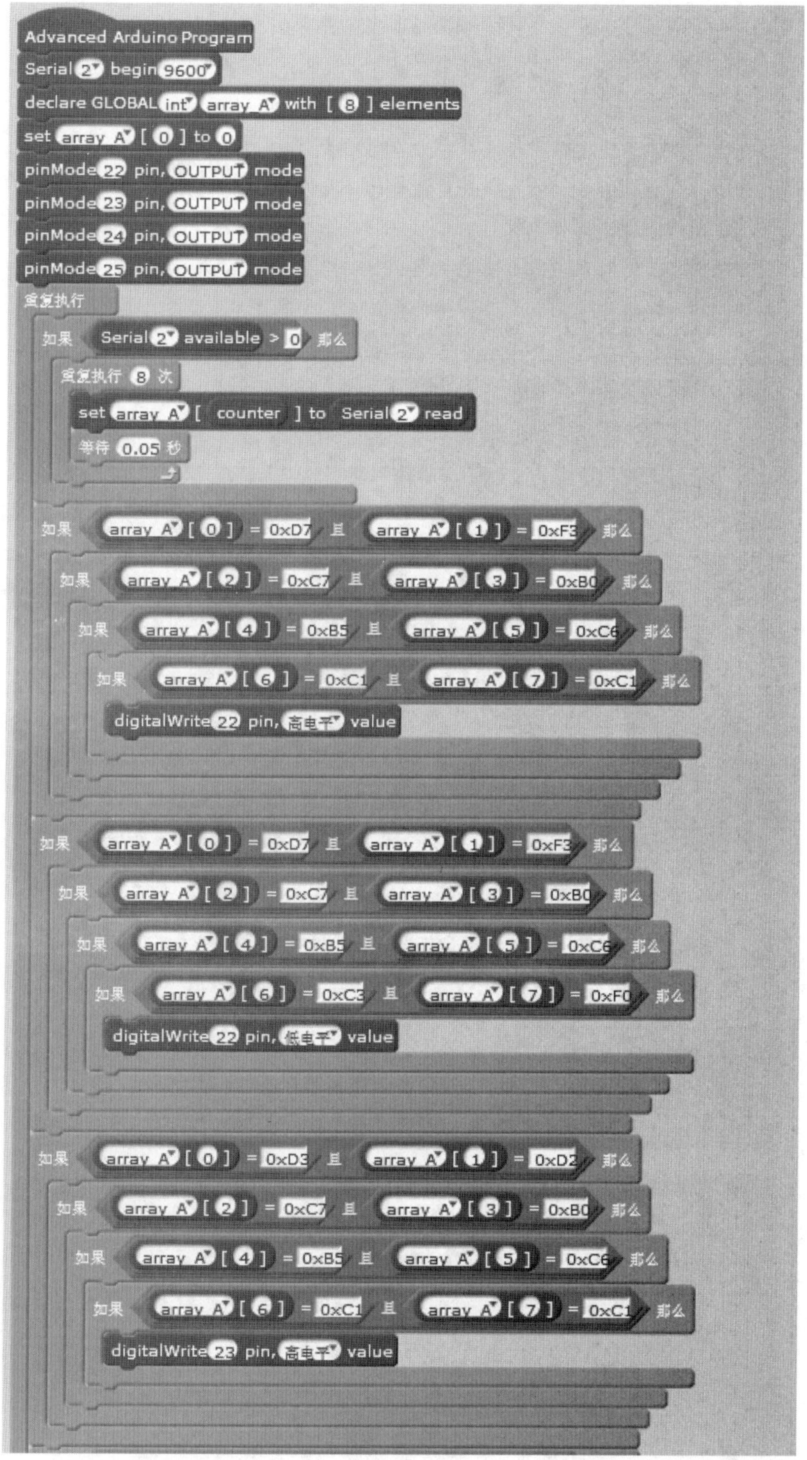

图 5-17　小车左后灯亮灯灭的文本解析程序

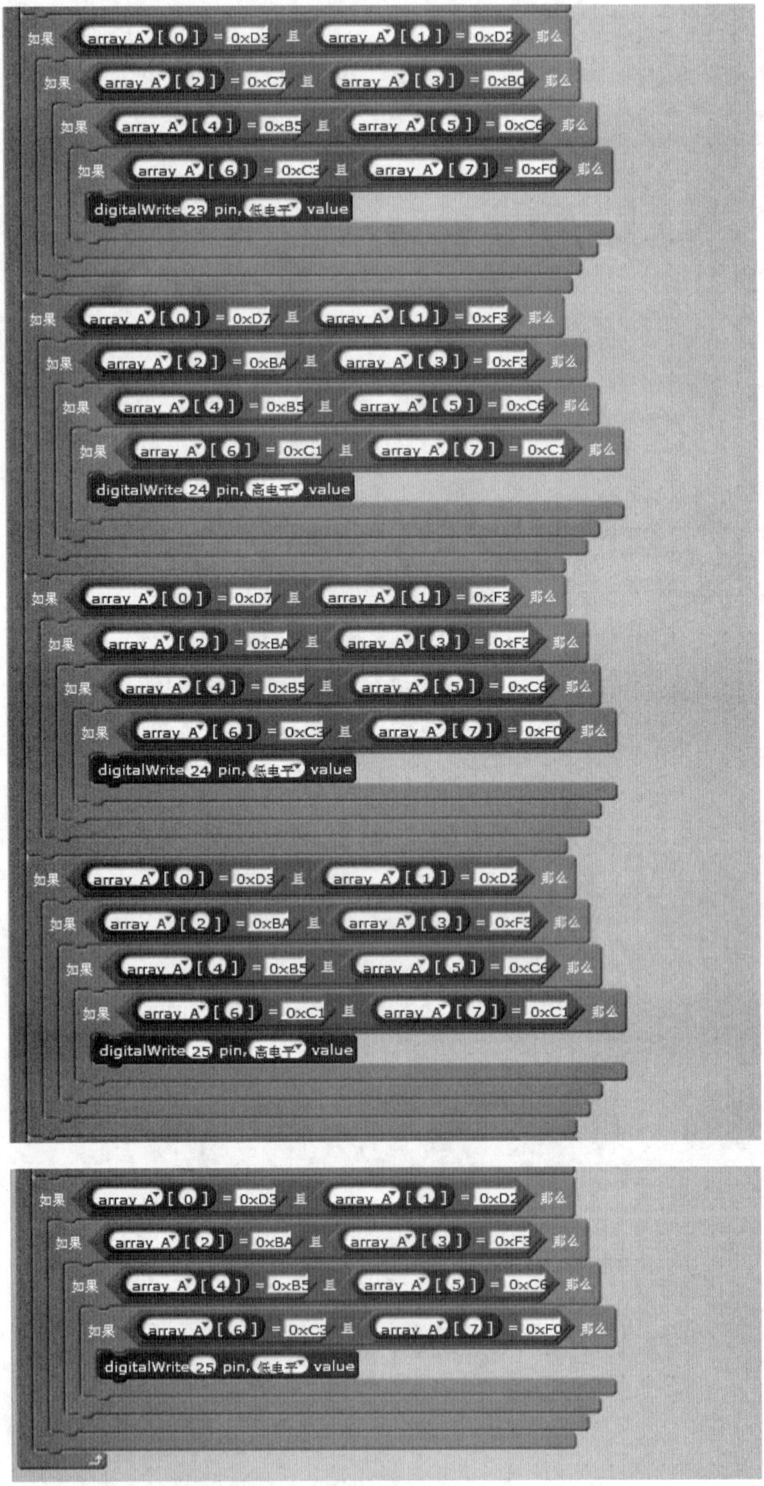

图 5-17　小车左后灯亮灯灭的文本解析程序（续）

思　考　题

1．文本识别的原理是什么？

2．文本解析中除了数据字典编码的方式，还能否采用其他方式？

3．什么是串口通信？请简要介绍一下串口通信原理。

4．结合第 3 章车灯亮起内容，请编写程序通过文本实现左转时左侧前后车灯同时亮起，右转时右侧前后车灯同时亮起，减速时后部车灯全亮起。

5．结合第 4 章交通灯识别内容，请编写程序实现，当小车检测到红灯或黄灯时，等待"停止"文本指令，小车停止指示灯亮起；检测到绿灯时，输入"前进"文本指令，小车停止指示灯熄灭。

第6章

图像的智能辨识

1. 熟悉图形识别的原理。
2. 掌握小车动起来的原理。
3. 熟悉小车寻迹的原理。
4. 掌握小车看懂路标的编程。

交通标志在现代交通中为人们的日常出行提供了便利。作为人工智能小车，准确地识别交通标识是未来实现无人驾驶的核心。

6.1　图像识别原理

图像识别的发展经历了三个阶段：文字识别、数字图像处理与识别、物体识别。图像识别，顾名思义，就是对图像做出各种处理、分析，最终识别我们所要研究的目标。今天所指的图像识别并不仅仅是用人类的肉眼，而是借助计算机技术进行识别的。

计算机的图像识别技术和人类的图像识别在原理上并没有本质的区别。人类的图像识别都是依靠图像所具有的本身特征分类，然后通过各个类别所具有的特征将图像识别出来的。当看到一张图片时，我们的大脑会迅速感应到是否见过此图片或与其相似的图片。在这个过程中，我们的大脑会根据存储记忆中已经分好的类别进行识别，查看是否有与该图像具有相同或类似特征的存储记忆，从而识别出是否见过该图像。

图像识别是以图像的主要特征为基础的，每个图像都有它的特征，如字母 A 有个尖、P 有个圈、Y 的中心有个锐角等。对图像识别时，视线总是集中在图像的主要特征上，也就是集中在图像轮廓曲度最大或轮廓方向突然改变的地方，这些地方的信息量最大，而且眼睛的扫描路线也总是依次从一个特征转到另一个特征上。由此可见，在图像识别过程中，识别机制必须排除输入的多余信息，抽出关键的信息。同时，在大脑里必定有一个负责整合信息的机制，它能把分阶段获得的信息整理成一个完整的知觉映象。图像识别技术的过程分以下几步：信息的获取、预处理、特征抽取和选择、分类器设计和分类决策。

信息的获取是指通过传感器，将光或声音等信息转化为电信息。也就是获取研究对象的基本信息并通过某种方法将其转变为机器能够认识的信息。

预处理主要是指图像处理中的去噪、平滑、变换等操作，从而加强图像的重要特征。

特征抽取和选择是指在模式识别中，需要进行特征的抽取和选择。简单的理解就是我们所研究的图像是各式各样的，如果要利用某种方法将它们区分开，就要通过这些图像所具有的本身特征来识别，而获取这些特征的过程就是特征抽取。在特征抽取中所得到的特征也许对此次识别并不都是有用的，这个时候就要提取有用的特征，这就是特征的选择。特征抽取和选择在图像识别过程中是非常关键的技术之一，所以对这一步的理解是图像识别的重点。

6.2 路标形状识别

物体的形状识别是图像识别的重要方向，广泛应用于图像分析、机器视觉和目标识别等领域。图像边缘是图像最基本的特征，所谓边缘，是指图像局部特性的不连续性，它在图像分析中起着重要作用。灰度或结构等信息的突变处称为边缘，例如：灰度级的突变、颜色的突变、纹理结构的突变等。

从本质上说，边缘常常意味着一个区域的终结和另一个区域的开始。边缘检测的实质是采用某种算法来提取出图像中对象与背景间的交界线。图像灰度的变化情况可以用图像灰度分布的梯度来反映，经典的边缘检测方法是对原始图像中像素的某小邻域来构造边缘检测算子。小车看懂路标的前提是对路标的识别，其核心在于边缘检测。本案例中的小车循迹模块主要是 LM324 芯片，该芯片内部有四组比较器，原理就是反相输入端 Vi-与同相输入端 Vi+的电压进行比较，若 Vi+大于 Vi-，则比较器的输出端 OUT 输出高电平+5V；若 Vi+小于 Vi-，则比较器的输出端 OUT 输出低电平 0V，如图 6-1 所示。

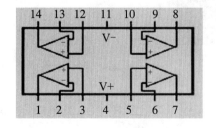
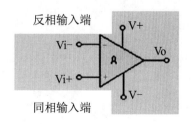

图 6-1　小车寻迹模块原理图

模块上的红外对管（TCRT5000 型号）用于光线的发射与接收，工作时由蓝色发射管发射红外线，红外线由遮挡物反射回来被接收管接收。接收反射光线后的接收管呈导通状态，与一电阻串联即可构成一个由发射管控制的分压电路，由此可实现对遮挡物反射光线强度的检测，本案例利用这一特性去区分路标与周围环境之间的颜色差异，进而让小车看懂路标。其基本原理如下：

在小车行驶过程中，发射管不断地向地面发射红外光，当红外光遇到白色地面时发生漫发射，反射光被装在小车上的接收管接收；如果遇到黑线则红外光被吸收，则小车上的接收管接收不到信号。小车上布局的 5 个红外对管，如图 6-2 所示，其中循迹传感器的接口从左到右为 D26、D27、D28、D29、D30。当有黑线（路面行车标识）时传感器输出的信号为低电平，当有白线（路面行车标识）时为高电平。通过高低电平的组合可判断出路标的基本信息：前行、左转和右转。

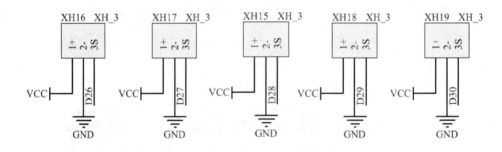

图 6-2　小车上布局的 5 个红外对管

情况 1：直行时则 D28 输出低电平，其余的传感器输出高电平，如图 6-3 所示。

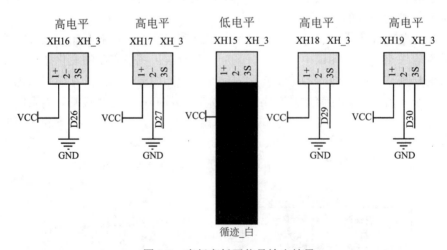

图 6-3　直行高低平信号输出结果

情况 2：左转行驶时则 D26、D27、D28 输出低电平，其余的传感器输出高电平，如图 6-4 所示。

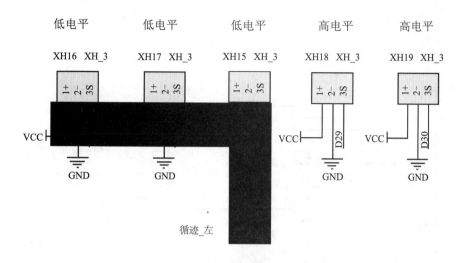

图 6-4　左转高低平信号输出结果

情况 3：右转行驶时则 D28、D29、D30 输出低电平，其余的传感器输出高电平，如图 6-5 所示。

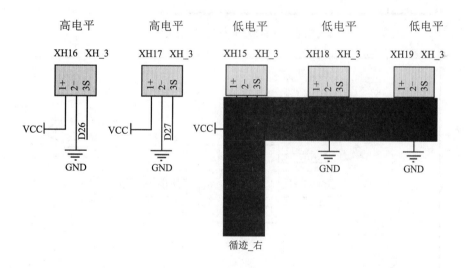

图 6-5　右转高低平信号输出结果

小车动起来的主要原理是，直流电机两端的电压不同从而使轮子转起来，单片机的 I/O 输出的电流远不能带动直流电机，因此需要电机驱动。本案例中采用 4 个直流电机进行小车驱动，其中电机 1、电机 2 分别为前左和前右；电机 3、电机 4 分别为后左和后右；通过 INPUT1～INPUT4 的高低电平设置来控制电机正转还是反转，如图 6-6 和图 6-7 所示。

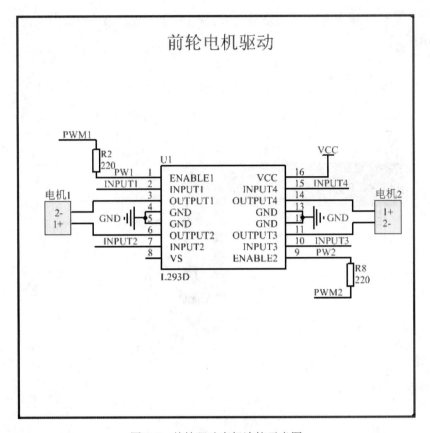

图 6-6 前轮驱动电机连接示意图

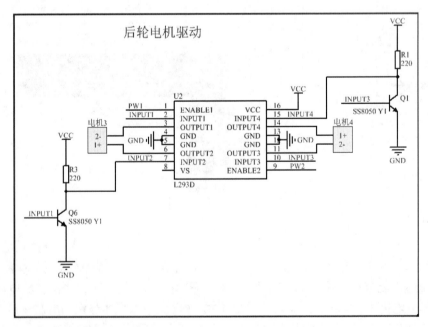

图 6-7 后轮驱动电机连接示意图

直流电机分析：

当 INPUT1 为高电平、INPUT2 为低电平时电机正转；当 INPUT1 为低电平、INPUT2 为高电平时电机反转；同理当 INPUT3 为高电平、INPUT4 为低电平时电机正转；当 INPUT3 为低电平、INPUT4 为高电平时电机反转；当小车前进时让 INPUT1、INPUT3 为高电平，INPUT2、INPUT4 为低电平；当小车后退时让 INPUT1、INPUT3 为低电平，INPUT2、INPUT4 为高电平；若小车停止时让 INPUT1、INPUT2、INPUT3、INPUT4 都为低电平；左转时让小车的左边轮子停止，右边轮子正转，及 INPUT1、INPUT2 为低电平，INPUT3 为高电平，INPUT4 为低电平；右转时让 INPUT1 为高电平，INPUT2、INPUT3、INPUT4 为低电平。

电机驱动接口与单片机进行相连，单片机引脚说明如图 6-8 所示。

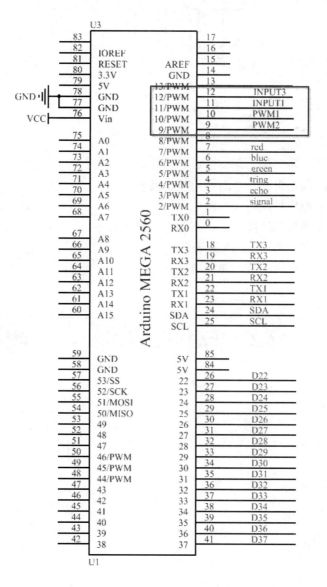

图 6-8　电机驱动接口的单片机引脚位置

其中电机驱动与 I/O 相连的引脚为 9、10、11、12。9、10 脚用来控制电机的转速，取值为 0～255，"0" 为转速最低即不转，"255" 为电机的最高转速；11、12 脚分别控制电机的正反转。电机转速通过 PWM1 与 PWM2 调节（PWM，是 Pulse Width Modulation——脉冲宽度调制的缩写），即通过对一系列脉冲的宽度进行调制，等效出所需要的波形（包含形状以及幅值），从而对模拟信号电平进行数字编码，也就是说通过调节占空比（占空比就是指在一个周期内，信号处于高电平的时间占据整个信号周期的百分比，例如方波的占空比就是 50%）的变化来调节信号、能量等的变化，如图 6-9 所示。

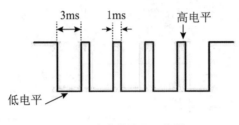

占空比为25%信号

图 6-9　脉冲波占空比

根据电机的正反转实现小车的前进、后退、左转和右转，具体实现如下。

小车前进：左侧电机正转，右侧电机正转。

小车后退：左侧电机反转，右侧电机反转。

小车停止：左侧电机速度为零，右侧电机速度为零。

小车左转：左侧电机速度为零，右侧电机正转。

小车右转：左侧电机正转，右侧电机速度为零。

6.3　让小车看懂路标

6.3.1　材料准备

所需的材料如下：

- 小车模型
- 红外寻迹传感器
- 直流电机
- 导线
- Arduino 开发板

6.3.2　材料组装

第一步： 在小车头部的底盘上布置 5 个红外寻迹传感器，放置成一排，如图 6-10 所示。

图 6-10　小车红外寻迹传感器安装

第二步： 通过导线将红外寻迹传感器与 Arduino 开发板上的相应接口进行连接，如图 6-11 所示。

图 6-11　红外寻迹传感器与 Arduino 开发板的连接

6.3.3　小车看懂路标的编程步骤

第一步：打开"机器人模块"，然后将模块的"Advanced Arduino Program"积木放在主编程界面上，如图 6-12 所示（这个类似于 C 语言编程的头文件）。

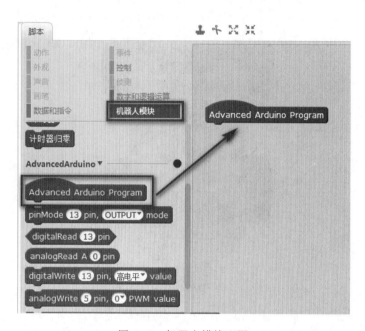

图 6-12　机器人模块配置

第二步：在"机器人模块"中的"AdvancedArduino"下找到引脚"pinMode"积木，设置 I/O 口的工作模式，其中 5 个循迹传感器（26～30）为 I/O 的输入，控制电机正反转的为 I/O 的输出（11 和 12），控制转速的为 I/O 的输出（9 和 10），如图 6-13 所示。

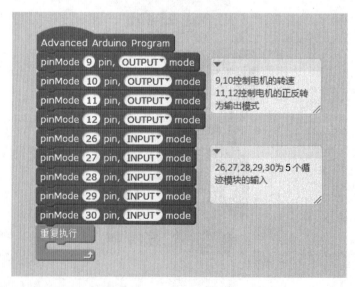

图 6-13　I/O 口参数配置

第三步：紧接着进行判断，当 28 脚为低电平，其余脚（26、27、29 和 30）为高电平时，确定为直行。在"机器人模块"中的"AdvancedArduino"下找到"analogWrite"积木，设置电机引脚电压，电机正传，实现小车前行，如图 6-14 和图 6-15 所示。

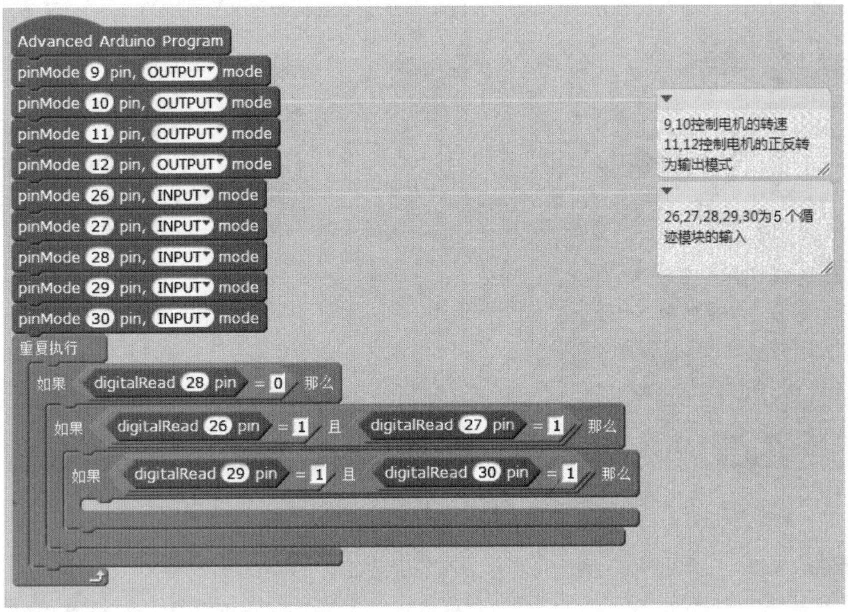

图 6-14　小车直行标志判断

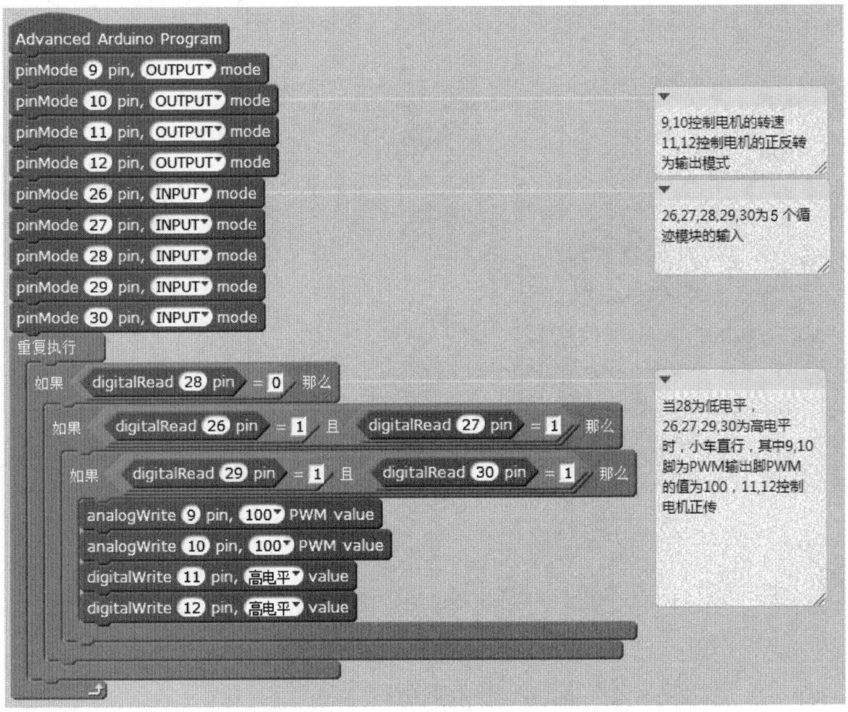

图 6-15　小车直行电机及转速控制

第四步：判断左转路标，逻辑控制语句"如果…那么…"条件满足 26、27、28 输出低电平，29 和 30 输出高电平。在判断的执行语句中，加入"analogWrite"积木，调整电机转速，左边的前后电机转速为 0，右边电机转速为 100，加入"digitalWrite"积木，调整电机引脚电压，控制电机正转，从而实现小车左转，如图 6-16 所示。

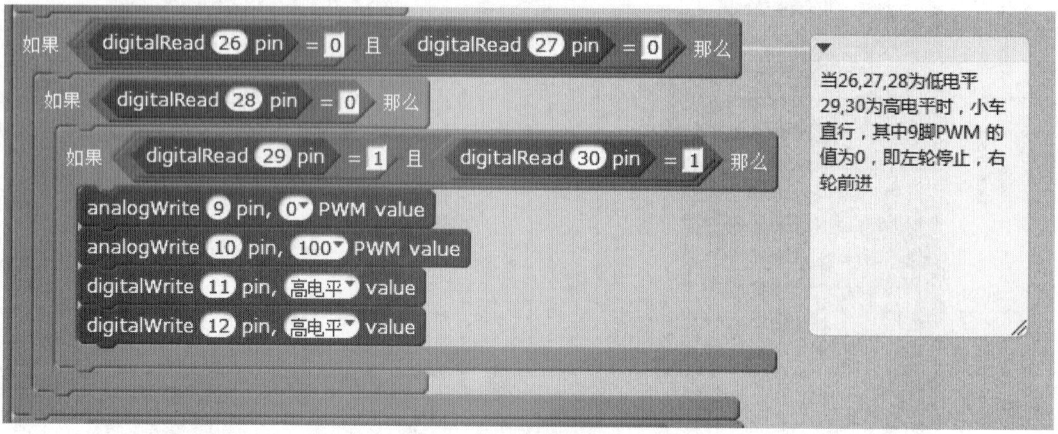

图 6-16　小车左转判断及电机参数配置

第五步：判断右转路标，逻辑控制语句"如果…那么…"条件满足 28、29、30 输出低电平，26 和 27 输出高电平。在判断的执行语句中，加入"analogWrite"积木，调整电机转速，左边的前后电机转速为 100，右边的电机转速为 0，加入"digitalWrite"积木，调整电机引脚电压，控制电机正转，从而实现小车右转，如图 6-17 所示。

图 6-17　小车右转参数配置

第六步：进行整合，最终总体程序如图 6-18 所示。

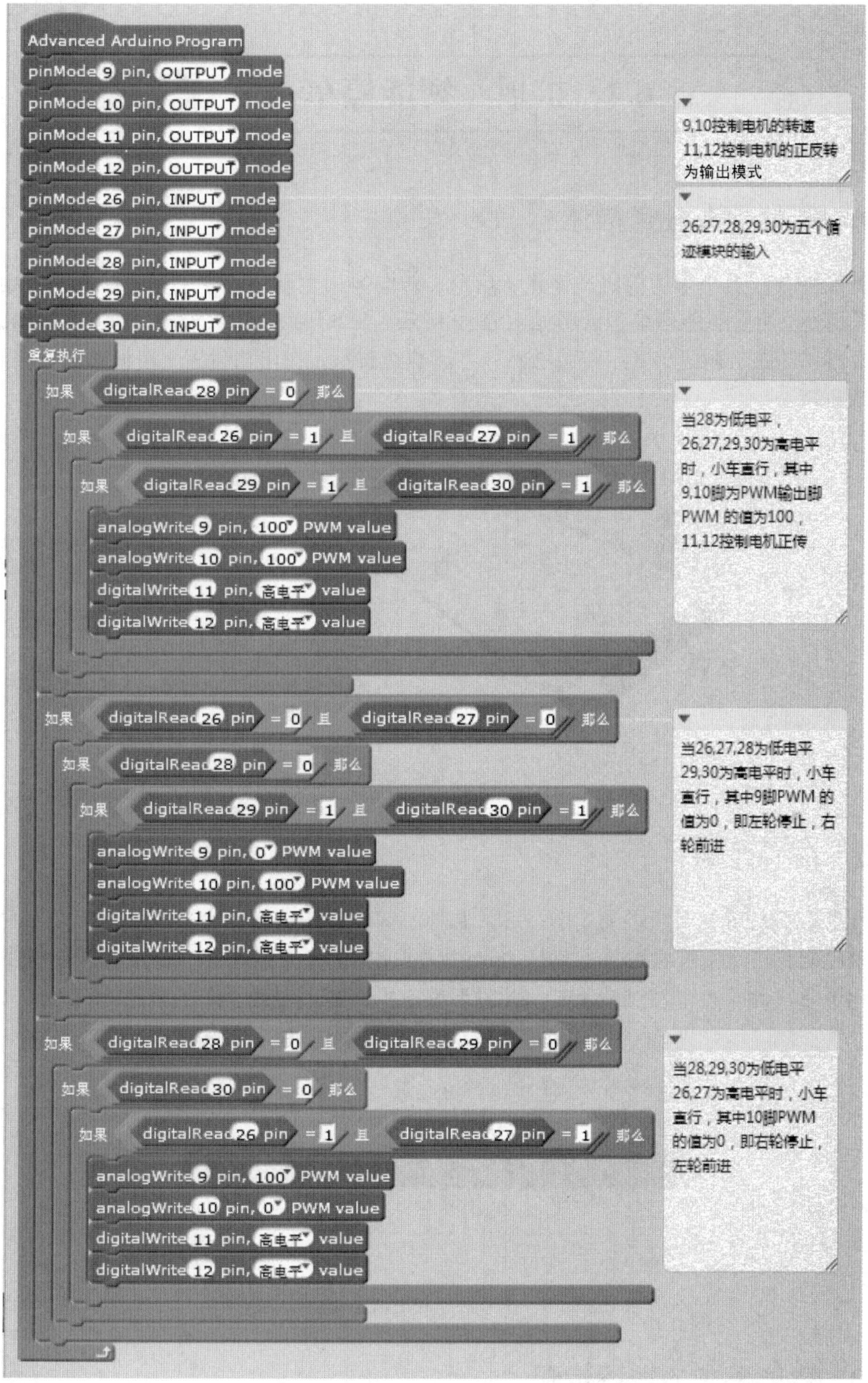

图 6-18 小车看懂路标总体程序

6.4　扩展：智能停车

6.4.1　智能停车任务描述

　　智能停车涉及小车的前进、停止、后退、转向等，主要核心在于充分掌握电机如何驱动小车运行。简易智能停车示意图如图 6-19 所示。小车从入口进入经过减速带，开始减速，维持 3 秒，在关卡附近停止，等待 2 秒，之后继续直行，在出口位置，根据路标选择直行、左转或右转。

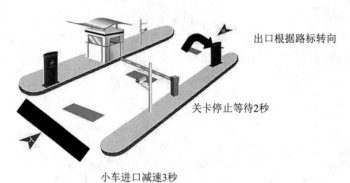

图 6-19　简易智能停车示意图

6.4.2　硬件组装

　　硬件组装与 6.3 节所讲的实例一样，其核心区别在于编程中减速带的识别及小车速度的合理控制。在这里需要引入小车是如何识别减速带的，如图 6-20 所示，当 5 个传感器均为低电平时，此时小车经过减速带，此时调整电机转速，实现小车的减速。

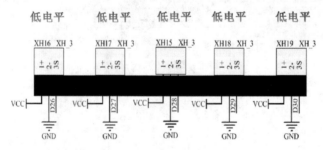

图 6-20　减速带高低平信号输出结果

6.4.3　智能停车的编程步骤

　　首先需要启动 Arduino 板，即在指令积木窗口中选择"事件"指令集，在出现的"事件"对话框中找到"启动"指令，然后将其拖动到指令编写窗口，即完成了 Arduino 板的启动操作。具体代码编写步骤如下。

第一步：前期编程步骤与 6.3 节基本一致，这里简要描述。首先在"机器人模块"中的"AdvancedArduino"下找到引脚"pinMode"积木，设置 I/O 的工作模式；紧接着采用"如果…那么…"进行判断，当 28 脚为低电平，其余脚（26、27、29 和 30）为高电平时，确定为直行路标；在满足判断条件的执行语句中，设置电机引脚电压，电机正传，实现小车前行；左转时，26、27、28 脚输出低电平，其余的传感器输出高电平，调整电机转速，左边的前后电机转速为 0，右边电机转速为 100，实现小车左转；右转时，D28、D29、D30 脚输出低电平，其余的传感器输出高电平，且右边的前后电机转速为 0，左边的电机转速为 100，则可以让小车右转，如图 6-21 所示。

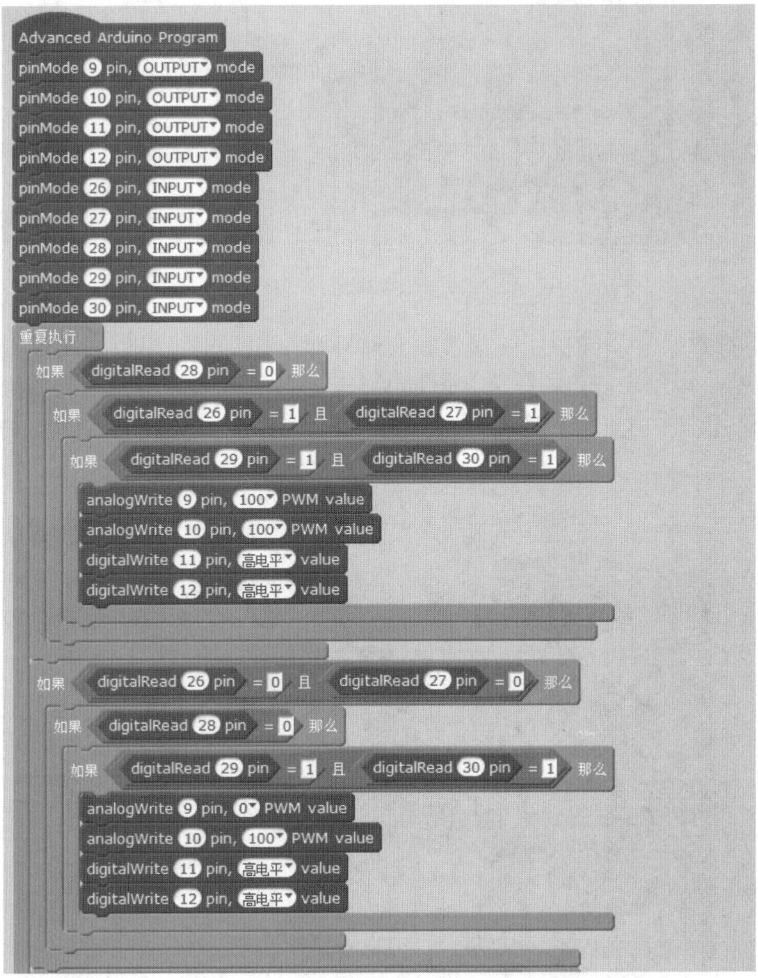

图 6-21　小车看懂前行、左转路标总体程序

第二步：与此类似将"digitalRead"积木放入判断语句"如果…那么…"中。当引脚 26~30 均设置为低电平即 0 时，此时代表判断小车是否经过路障，如图 6-22 所示。

图 6-22　小车看懂路障的判断程序

第三步：在经过减速带的判断执行语句中，在"analogWrite"积木中将电机转速降为50，实现减速，在逻辑控制模块下选择"等待"，值设为3秒，表示小车减速行驶3秒，如图 6-23 所示。

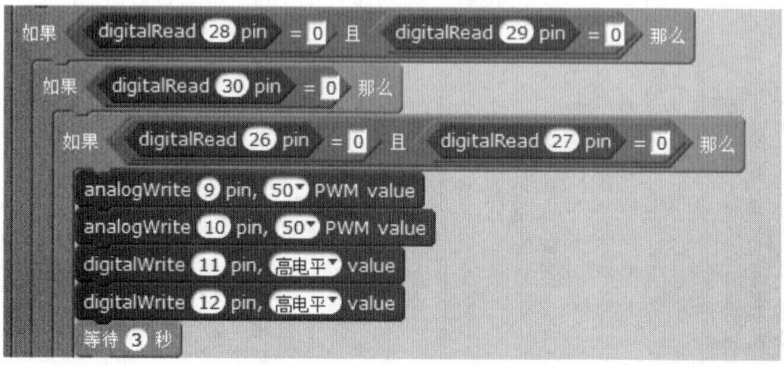

图 6-23　小车减速程序编写

第四步：设置小车启动程序，在"analogWrite"积木中将电机转速设为0，并放置等待2秒，意味着小车停止前进，在关卡位置停止2秒。在经过减速带的判断执行语句中，在"analogWrite"积木中将电机转速度设为100，实现小车从停止启动的过程，如图 6-24 所示。

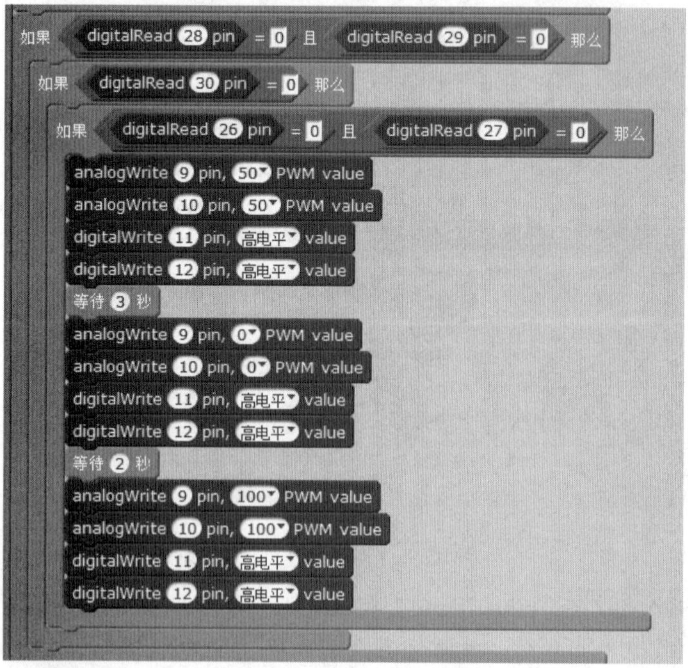

图 6-24　小车减速程序编写

第五步: 在出口处小车根据指定的路标（前行、左转或右转）实现小车的转向，此时的编程与 6.3 节一样，最终程序如图 6-25 所示。

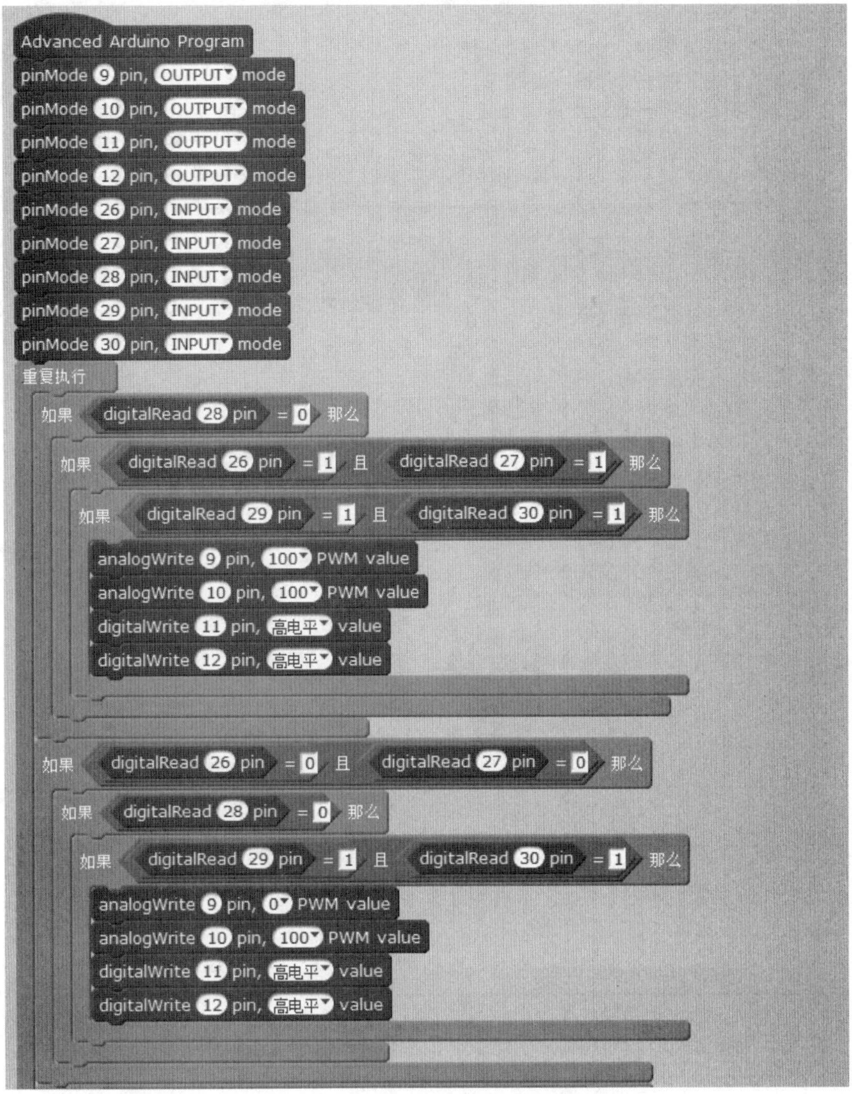

图 6-25 小车智能停车总体程序编写

```
如果    digitalRead 28 pin = 0 且 digitalRead 29 pin = 0 那么
    如果  digitalRead 30 pin = 0 那么
        如果  digitalRead 26 pin = 1 且 digitalRead 27 pin = 1 那么
            analogWrite 9 pin, 100▼ PWM value
            analogWrite 10 pin, 0▼ PWM value
            digitalWrite 11 pin, 高电平▼ value
            digitalWrite 12 pin, 高电平▼ value

如果    digitalRead 28 pin = 0 且 digitalRead 29 pin = 0 那么
    如果  digitalRead 30 pin = 0 那么
        如果  digitalRead 26 pin = 0 且 digitalRead 27 pin = 0 那么
            analogWrite 9 pin, 50▼ PWM value
            analogWrite 10 pin, 50▼ PWM value
            digitalWrite 11 pin, 高电平▼ value
            digitalWrite 12 pin, 高电平▼ value
            等待 3 秒
            analogWrite 9 pin, 0▼ PWM value
            analogWrite 10 pin, 0▼ PWM value
            digitalWrite 11 pin, 高电平▼ value
            digitalWrite 12 pin, 高电平▼ value
            等待 2 秒
            analogWrite 9 pin, 100▼ PWM value
            analogWrite 10 pin, 100▼ PWM value
            digitalWrite 11 pin, 高电平▼ value
            digitalWrite 12 pin, 高电平▼ value
```

图 6-25　小车智能停车总体程序编写（续）

思 考 题

1. 类比人的思维，简述图像识别的原理。

2. 简述如何利用传感器识别判断路标形状。

3. 小车动起来的原理是什么？如何实现小车前行、左转和右转？

4. 请尝试修改 6.3 节的程序，实现当小车检测同时检测到直行和左转路标时，小车等待指令，向小车发生"直行"指令命令小车直行，发射"左转"指令命令小车"左转"（参考第 5 章的文本解析）。

5. 请尝试修改 6.4 节的程序，实现当小车在经过减速带后的减速阶段，使小车后方两个车灯点亮，提醒后方来车。

第 7 章

语音的智能辨识

学 习 目 标

1. 语音辨识原理。
2. 声音解析实现。
3. 基于声音的小车控制。

在现代生活中，人与人的交流都是通过语言进行沟通互动的。在人类的对话中，人体通过听觉系统进行语音输入，大脑通过对自然语言的翻译理解，转化成了意识并控制行为。随着人工智能的快速发展，人类语言语音的智能识别被广泛开发并应用在生活中。目前，语音识别功能在越来越多的应用中得到使用，比如手机语音助手、智能语音机器人。世界上也涌现出了一批有名的语音智能辨识科技公司，例如微软、苹果、谷歌、科大讯飞等。在即将到来的智能时代中，人机互动正在成为现实。

早期，我们通过科幻电影第一次接触到人类与机器人可以进行语音交流的愿景，憧憬并向往着未来科技生活有多么的绚丽多彩。目前，在开发出的智能产品中，语音智能辨识模块就好比"机器人的听觉系统"，它能够把人类语音信号转换成对应的文本或者指令。在人机交互中，语音辨识功能也开始成为目前新潮产品与设备的主要亮点。

7.1 语音辨识原理

语音辨识是以人类或者智能体的语音为对象，将语音进行信号处理和模式识别，并且让机器自动辨识和处理语言的过程。语音辨识技术就是使机器利用语音辨识原理把语音信号转换为可以准确控制的逻辑信息或指令的先进技术。深度的语音辨识研究涉及声学、语言学、信息理论、系统模式辨识理论以及生物学等，是一种与各学科都有紧密联系的交叉研究。语音辨识技术也随着计算机技术与信息技术的快速发展，成为了社会新兴技术发展产业中的一个热点。

语音辨识原理本质上是一种模式辨识系统，它包含 3 个基本部分：①特征提取；②模式匹配；③模型库等。其原理框架如图 7-1 所示。

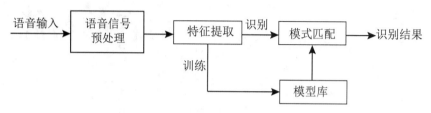

图 7-1　语音智能辨识原理框架

首先，语音通过输入话筒将语音信号转换成电脉冲信号后进入智能辨识系统模块，辨识模块通过语音信号预处理，然后通过人类的语言特点来建立了人类语音信号模型，通过语音信号的输入并进行分析，输出语音所需的信号特征，并在特征中分析语音智能辨识所需要的语音辨识模型。然而语音辨识模型，通过存储的语音信息模板与得到的语音特征信息进行匹配对比，通过智能搜索与匹配，得到与语音信号最为相配的语音模板。通过模板的匹配，通过模型库的查表过程就能够得到最佳辨识结果。在匹配特征信息的过程中，语音模型库的准确程度与最后的结果准确程度具有直接关系。

语音智能辨识系统分为两个主要部分：一部分为语音信号训练过程，另一部分为语音信号辨识过程。语音信号的训练过程通常是在离线状态下完成的，即对系统存储的大量语音单元、语音数据库通过人工智能机器学习与知识挖掘，获得语音辨识系统需要的"语音声学模型"与"语音语言模型"；智能辨识过程是通过线上完成的，语音辨识系统是对使用者的实时语音进行自动辨识的过程。

语音智能辨识过程又能够分为"前端"与"后端"两部分："前端"的作用是通过滤波删掉静音与非语音声音，降低噪声并进行特征选择；"后端"的作用是通过已经训练好的"语音声学模型"与"语音语言模型"对使用者的语音特征向量进行模式辨识，即"解码"。此外，"后端"还拥有一个智能反馈模块，可实现系统的"自适应"并对使用者的语音进行自学习。另外，"语音声学模型"需要持续的校正来不断提高辨识的准确率。

7.2　声音解析实现

在中学的时候，我们就知道声音的本质实际是一种声波。我们手机中声音与歌曲的常见储存方式（例如 mp3 格式）都是声音的压缩格式，然而应用的时候必须将其转化成非压缩的纯波形格式文件来处理，例如 PCM 格式的文件，即 wav 文件。wav 文件中存储的是一个文件头和声音波形信息，图 7-2 所示的是声音的一个波形例子。

图 7-2　声音的波形

声音辨识开始后，首先要将获得的声音信息的首端与尾端的静音部分剪掉，以减小对接下来的处理过程的干扰。剪掉静音部分的过程称为 VAD。接下来是对声音的解析，先是对语音信号的分帧过程，即把语音分成一个个的小节部分，每小节为 1 帧。假设每帧的选择间隔为 10ms，每帧的长度都为 25ms，这种的分帧操作就会使两帧之间出现 15ms 的重叠部分，如图 7-3 所示。

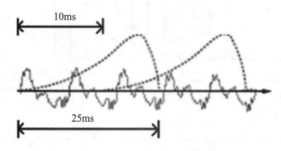

图 7-3　语音声音解析分帧处理示意图

由于在分帧操作后，语音小段的波形在时间序列上基本上没有什么描述意义。因此，语音波形必须进行转换。例如，根据人耳的生理特点，将分帧后的波形转换成一个多维向量，即这个多维向量包含了分帧中的内容信息，这个转换多维向量的过程称为声学特征提取。例如，假设提取的声学特征是 12 维、N 列的一个信息数据矩阵，N 为总帧数，矩阵称为观察序列，如图 7-4 所示。在图 7-4 中，每帧信息数据都是用一个 12 维的向量来描述的，示意图中的色块颜色的深浅体现出观察序列向量值的大小。

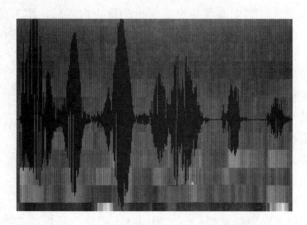

图 7-4　语音声学特征观察序列示意图

接下来需要解决的问题是怎么将观察序列矩阵转换成文本信息。在观察序列矩阵数据变成文本信息之前，我们需要先了解转换过程的两个重要概念：音素与状态。音素即单词的发音，汉语直接应用声母和韵母作为声音模型的音素集；英语应用的音素集则是卡内基梅隆大学39音素的音素集。状态即比音素更小的语音单位。通常情况下，语音的一个音素包含3个状态。而语音文本解析的过程，首先将帧辨识转换成状态信息点，接着再将状态组合成音素，最后将音素组合成单词。

如图7-5所示，每一格表示为一帧，多个帧的语音信息则组成一个状态信息，接着三个状态可以组成为一个音素，最后多个音素组成单词。综上所述，每帧的语音信息指向某个状态，智能语音辨识的结果也就得出来了。以上就是语音辨识与文本解析的技术原理。

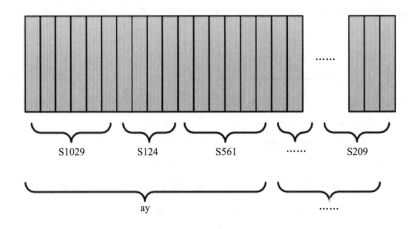

图 7-5　语音观察序列矩阵解析示意图

7.3　基于声音的小车控制

学习了前两节关于语音辨识原理与声音解析的理论内容后，本节根据语音智能辨识原理设计了一个基于声音的小车控制实验。在本实验中，语音的智能辨识工作流程可以分成7个步骤：

（1）采集语音信号并分析与处理，删除静音等冗余信息。

（2）分析语音关键信息与语言特征意义信息并提取。

（3）应用语音最小音素状态单元辨识语音字词。

（4）根据不同语言的不同语义语法辨识语音字词。

（5）利用语音语义环境作为辨识辅助条件，进行准确分析与辨识。

（6）根据语音语义分析，将提取辨识出的字词同时连接起来。

（7）联系语音语义转换成的逻辑指令对小车进行相应控制。

目前，语音识别技术应用越来越广泛，相应技术模块产品也越来越多，在本节实验中，我们将应用语音识别技术模块进行小车语音控制实验。

在本节小车语音控制实验中，实验知识分为 3 个部分。第一部分是语音辨识模块的使用知识，尤其是对模块控制协议的了解；第二部分为小车控制命令；第三部分为小车连接上位机的操作内容。

1.　小车语音控制模块使用说明及控制协议

在基于声音的小车控制实验中，语音辨识功能用到的控制模块型号为：LP-ICR V1.4。它的特点是体积超小，响应迅速，免编程控制协议，支持线路输入容量大（50 条），并且支持地方普通话发音（如图 7-6 所示）。

超小体积（19*31.8mm）
高速MCU，响应迅速
超简明免编程控制协议
支持双串口，支持线路输入
50条识别容量，返回形式丰富
非特定人识别，支持地方普通话发音

图 7-6　LP-ICR V1.4 语音识别模块

小车语音控制模块的使用基础：

由于硬件模块都有自身使用条件的限制，所以在应用小车语音控制模块的过程中，首先要了解 LP-ICR 系列免编程非特定人语音识别模块的使用条件。LP-ICR 系列非特定人语音识别模块采用串口命令进行控制和内容设定。模块可存储 50 条识别语句，可以应用中文拼音形式。控制语句中内容不能超过 21 个字节（以汉字为例，每个汉字全拼后一般为 2 字节）。

在辨识系统中，模块接收到的所有命令和数据都需要用“命令”方式进行封装后传输。如图 7-7 所示，命令结构由命令起始符、命令、动作分隔符、动作和命令结束符 5 部分组成，其中，动作分隔符和动作可选。

- 每条命令以{开头，以}结束，命令起始符{和命令结束符}不占空间。
- 命令字，命令参数，各占 1 字节。
- 命令内容如果为识别语句（汉语拼音），则每个完整拼音文字占 2 字节，最多不超过 9 个字（比如：ni jiao shen me ming zi 是 6 个字）。如果是其他内容，每字符占 1 字节。
- 命令内容的汉语拼音前后与命令起始符、结束符和间隔符间均不能出现空格，拼音与拼音间只能有一个空格，必须保证拼音的拼写规范准确，不符合拼写规则的拼音将使语句表无法加载。
- 动作分隔符|，动作字，动作参数，各占 1 个字节。
- 动作内容每字符占一个字节。
- 动作内容可包含数字“0~9”、字母“a~z，A~Z”及下画线等。
- 动作内容中不可出现命令起始符{、命令结束符}和命令分隔符|。

命令格式	命令起始符	命令内容 (<=20字节)							命令结束符
		命令			动作（可选）				
		命令字 1字节	参数 1字节	命令内容(可选) <=18字节	动作分隔符	动作字 1字节	动作参数 1字节	动作内容 受总长度限制	
	{	X	Y	Z	I	C	P	E	}
说明	命令起始符占1字节	"X"表示命令，范围为小写字母 'a'~'z'，详见下文说明； "Y"表示命令参数，范围为 '0'~'9'，无参数命令保持参数为'0'.		"Z"表示命令内容，为可选项，可以是识别内容（汉语拼音）或字符串等。识别内容中每个完整的拼音文字占2字节，最多不超过9个拼音文字（18字节）。	"I"是动作分格符，为可选项，用于分开识别内容和识别后执行的动作。	"C"表示动作，为可选项，范围是小写字母 'a'~'z'，必须跟在动作分格符"I"的后面，后面必须有动作参数； "P"表示动作参数，为可选项，必须跟在动作字后面，无参数动作保持"P"为'0'.		"E"表示动作内容，为可选项，用于指定动作的操作对象。大多数动作不需要内容。	命令结束符占1字节
示例	{	a	0	ni hao	I	s	0	Hello!	}
	功能：添加一条识别语句"ni hao"（你好），识别成功后从串口返回字符串"Hello!"。								

图 7-7　LP-ICR 语音识别模块命令内容

2. 命令说明

（1）命令应用总览，如图 7-8 所示。

命令内容（(21 字节))								
命令				动作(可选)				
命令	参数	功能	命令内容	分隔符	动作	参数	功能	动作内容
a	0	添加一条识别指令	待识别语音的全拼	I	无动作：默认返回语句添加时的顺序号 (0~49，16 进制 00~31)			
					命令	参数	执行相应命令	无
					o	0	IO1=0,IO2=0	无
						1	IO1=0,IO2=1	
						2	IO1=1,IO2=0	
						3	IO1=1,IO2=1	
						4	IO1,IO2 都翻转	
					s	0	发送指定字符串	字符串 (注1)
					x	0	发送一字节16进制数	"00"~"ff"
c	0	清空语句列表	无数据					
d	0	关闭调试模式	无数据					
	1	打开调试模式						
l	0	重新加载语句表	无数据					
o	0	IO1:IO2 = 00	无	无动作				
	1	IO2:IO2 = 01						
	2	IO2:IO2 = 10						
	3	IO2:IO2 = 11						
	4	IO2:IO2 翻转						
s	0	发送字符串	字符串	无动作				
x	0	发送1字节数据	2位 HEX 数					

图 7-8　LP-ICR 语音识别模块命令总览

注 1：字符串由大小写字母、数字、下画线、半角逗号、半角点、半角单双引号、半角加减号、星号、左右方括号、左右圆括号组成，不能含有协议中用到的符号，包括左右大括号{ }、命令分隔符 | 和全角符号及文字。

注意：

- 理论上动作可以是任何命令，但受命令总长度限制，每条语句累计不得超过 20 字节。
- 慎用存在风险的命令作为动作，比如清除语句表"{c0}"等，以免出现不希望的结果。
- 命令必须逐行写入，不能整批发送。每两条命令间最少等待 0.1 秒。
- 命令最好先在记事本中编辑并检查好，再逐句写入模块，以方便后续修改和查对。
- 每条语句添加后，需要下一次加载语句表时才会生效。如果想立即生效，需要用"{l0}"指令更新语句表。
- 识别成功后，模块的绿色指示灯会闪 1 次，并执行相关动作（未指定动作，则返回 1）字节语句序号，以添加语句时的顺序为准。
- 模块最多可添加 50 条识别语句。
- 如果用"{c0}"命令清空了语句表，或添加的语句表中有错误（拼写错误或格式错误等），则模块无法加载语句表，模块的绿灯会不停闪烁，用"{d1}"命令开启调试模式会发现模块不停返回"0"，此时需要用"{c0}"命令清空语句表后，再重新写入正确的语句。正确的新语句表写入后，模块会立即恢复正常。

（2）命令应用例子

使用图 7-9 中的 LP-ICR 语音模块需要了解模块使用的格式、结构、命令、功能。下边演示不同动作的使用方法。例如命令{a0ni hao}，由于该命令未指定执行动作，模块将默认返回 1 个字节的语句顺序号码；又如命令{a0zuo zhuan|x0f3}，模块的识别语句为"左转"，并指定返回 1 字节数据 F3。同理，在模块中如果添加一条识别语句"右转"，并指定返回字符串"right!"，则命令为{a0you zhuan|s0right!}。

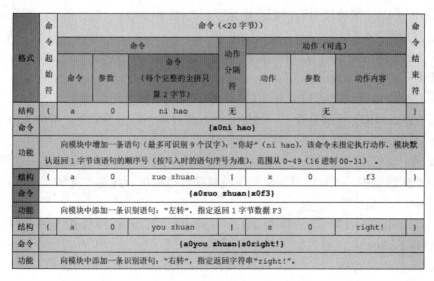

图 7-9　LP-ICR 语音识别模块不同动作使用方法

3. 用上位机设定识别内容

在本节实验中，智能识别模块自带一部分语音模板库，该模板库可以通过上位机进行灵活设置。通过本节内容，学生能够利用辨识模块的编程掌握语音辨识功能的应用与灵活开发。把识别模块连接到计算机后，应用上位机设定识别内容的智能语音模块辨识开发步骤如下，如图7-10所示。

（1）连接上位机

按图7-10把识别模块连接到计算机上，把 MIC（拾音器）插到识别模块上。

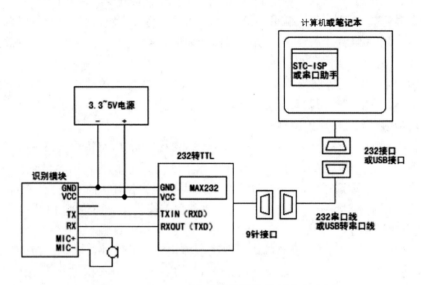

图7-10　LP-ICR语音识别模块的控制内容改写

注意：

- LP-ICR V1.4 版模块引脚的标注印错了，TXD 和 RXD 位置标反了，连接时请一定要注意更正！
- 识别模块和 232 转 TTL 模块需要共地，最好使用同一电源。
- 千万不要接反电源引脚。
- 不要把电源线误接到 MIC 输出线（MIP，MIN）或其他引脚上。
- 麦克风（MIC）引脚有反正，如果一个方向效果不好或不识别，请将其两脚对换一下。
- 如果上位机无法收到模块的数据，请将模块 TXD 和 RXD 两脚交换一下再试。
- 在测试过程中，身体任何部位不要接触模块电路板、线和麦克风。

（2）启动上位机软件

找到"LP-ICR V1.4 原创资料.rar"并解压，打开资料压缩包中上位机软件"LP-COMMV2.22.exe"，设置如图7-11所示。

图 7-11　LP-ICR 语音识别模块上位机连接界面

（3）内容修改过程示例

A．打开调试模式：{d1}

打开模块调试模式，这样就可以看到模块执行命令的结果。在上位机软件上输入命令"{d1}"，单击"发送"按钮，上位机软件会显示返回值"D"（Done，表示命令完成），如图 7-12 所示。

图 7-12　LP-ICR 语音识别模块上位机连接界面指令调试

B．清除原有语句表：{c0}

在上位机软件上输入命令"{c0}"，单击"发送"按钮，即可将模块上所有的语音指令全部清除掉，如图 7-13 所示。

图 7-13　LP-ICR 语音识别模块上位机连接界面指令清除

> **注意:**

- 清空语句表后，如果模块再次加载语句表，将出现加载失败，模块绿灯不停闪烁，{d1}模式不断地返回"0"，表示加载语句表失败，直到添加了任意一条正确的语句为止。

C. 添加识别指令: {a0 ...}

现在给模块添加一条识别语句。以"你好"为例，在上位机软件输入"{a0ni hao}"，单击"发送"按钮，如果添加成功，模块会返回"DA D"，表示接受了命令并且完成写入，如图 7-14 所示。

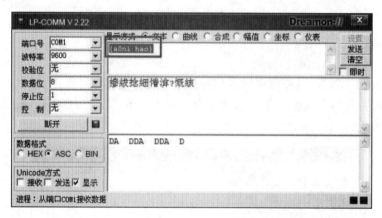

图 7-14 LP-ICR 语音识别模块上位机连接界面指令输入

继续在上位机软件上输入命令"{a0zai jian}"，单击"发送"按钮，如果添加成功，模块会返回"DA D"，表示接受了命令并且完成写入，如图 7-15 所示。

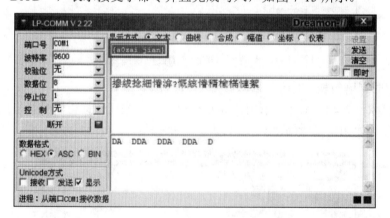

图 7-15 LP-ICR 语音识别模块上位机连接界面指令返回

D. 测试识别结果

按图 7-16 重新设置上位机软件的选项。

前面我们添加了"你好""再见"两条语句，现在我们对着 MIC 说"你好"，会得到相应返回值"FF 00 FF"，然后对着 MIC 说"再见"会得到另一个返回值"FF 01 FF"，如图 7-17 所示。

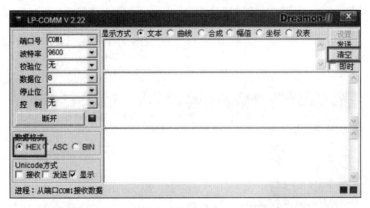

图 7-16　LP-ICR 语音识别模块上位机连接界面指令重置

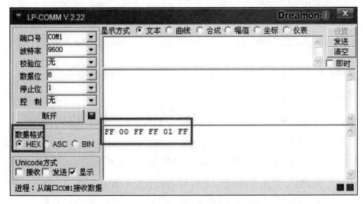

图 7-17　LP-ICR 语音识别模块上位机输入识别并返回

注意：

- 在打开了调试模式{d1}时，识别结果的前后会被加上标记 FF，以区别于正常模式。

E．关闭调试模式：{d0}

在上位机软件上输入命令"{d0}"，单击"发送"按钮就可以关闭调试模式，如图 7-18 所示。

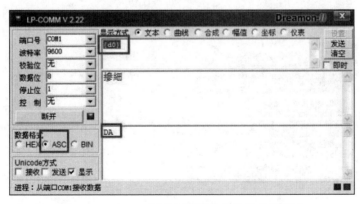

图 7-18　LP-ICR 语音识别模块上位机关闭调试

关闭调试模式后，模块的识别结果将恢复正常，不再出现标记符 FF。现在再测试一下识别语句，对着 MIC 说"你好""再见"，返回值前后不再有 FF，模块进入正常工作状态，如图 7-19 所示。

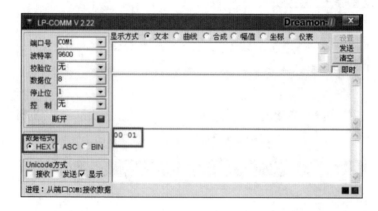

图 7-19　LP-ICR 语音识别模块上位机关闭调试进入正常工作

（4）模块内容程序应用过程

本部分内容是对语音识别模块的程序讲解，首先配置语音模块的输出，即人说出"前进"在 LP-ICR 模块的串口输出 0x00，"后退"输出 0x01，"左转"输出 0x02，"右转"输出 0x03，"停止"输出 0x04，同时在第二个串口输出相应的十六进制的汉字。

第一步：打开"机器人模块"，然后将模块的"Advanced Arduino Program"积木放在主编程界面上（这个类似于 C 语言编程的头文件），如图 7-20 所示。

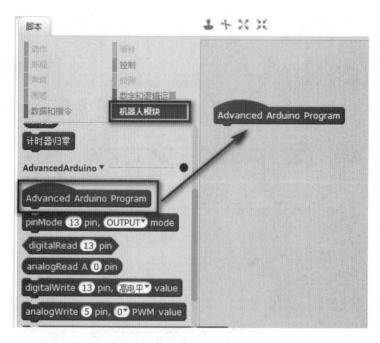

图 7-20　机器人模块配置

第二步：将"Serial begin 115200"积木放在"Advanced Arduino Program"积木下（这个是将串口初始化，波特率为 115200），其中两个模块采用 UART 通信方式，UART 串口支持 9600bps（LP-ICR 模块接在串口 2 上，语音合成模块接在串口 3 上），如图 7-21 所示。

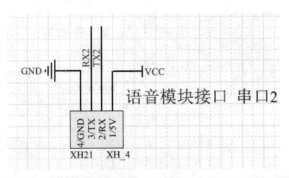

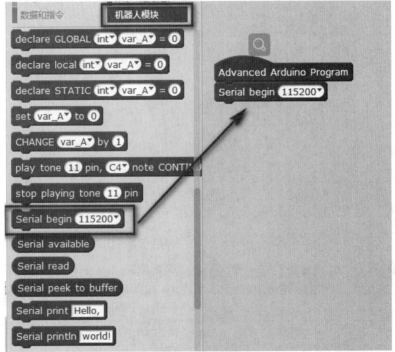

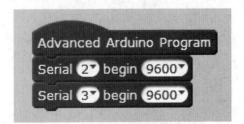

图 7-21　LP-ICR 模块和语音模块配置

第三步：接着配置电机的 I/O 输出，如图 7-22 所示。

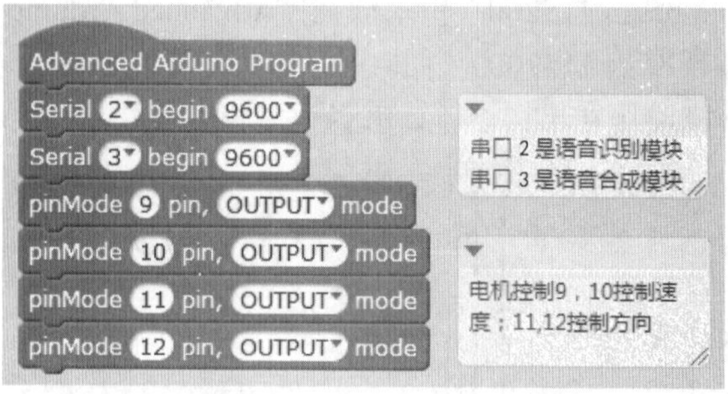

图 7-22　电机的 I/O 输出配置

第四步：判断串口是否接收到数据，如果串口接收到数据，则将数据储存起来，如图 7-23 所示。

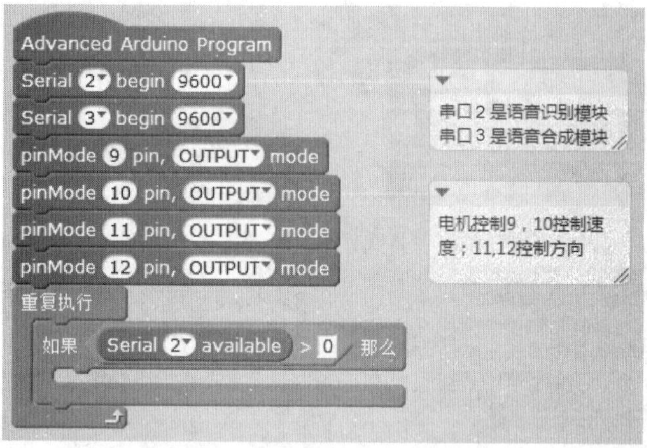

图 7-23　判断串口是否接收到数据

第五步：新建一个变量将数据储存起来，储存到变量 flag 中（这里也就是判断人是否说话，若说"前进"，则串口会输出 0x00），如图 7-24 所示。

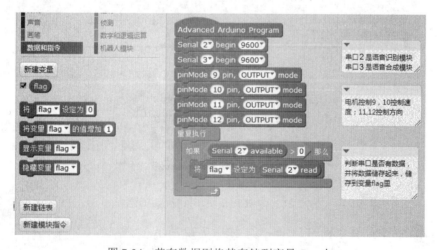

图 7-24　若有数据则将其存储到变量 flag 中

第六步： 对数据进行判断，说"前进"时串口输出 0x00，小车前进，并且语音模块输出"前进"。"前进"对应的十六进制数为："前"为"0xC7""0xB0"，"进"为"0xBD""0xF8"，且要写一句代码"Serial3.write(0xC7)；Serial3.write(0xB0)；Serial3.write(0xBD)；Serial3.write(0xF8)；"，如图 7-25 所示。

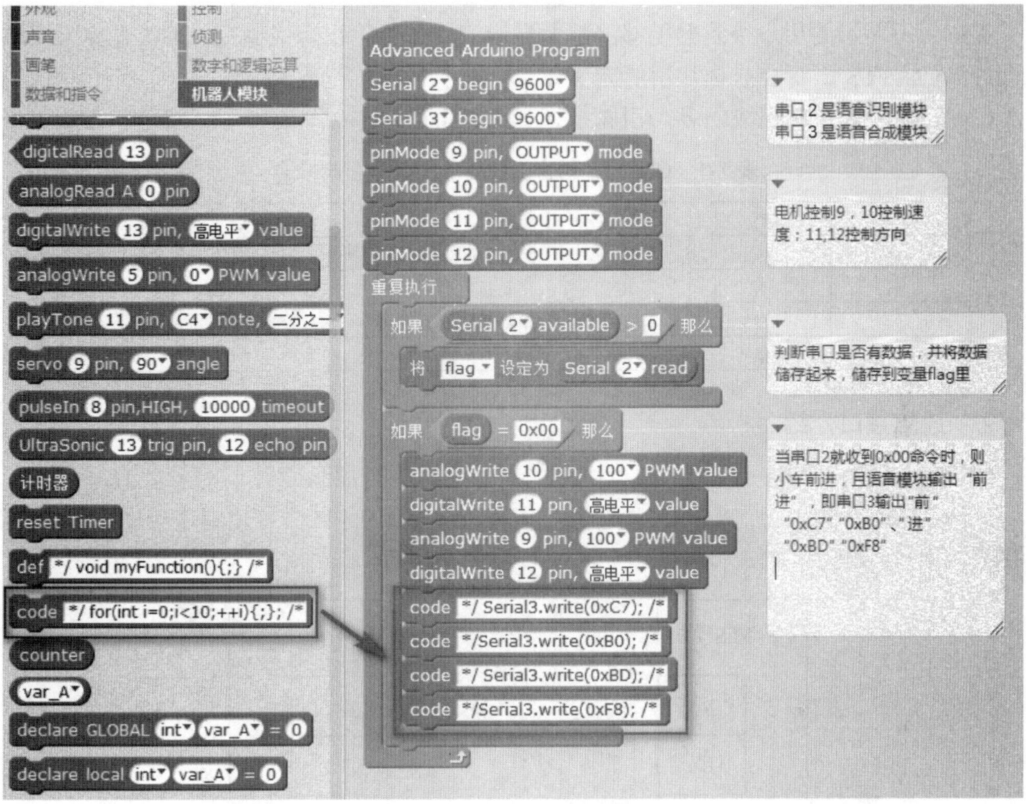

图 7-25 　"前进"命令代码

7.4　扩展：具有交互功能的声控小车

在交互功能的声控小车实验中，我们将用到语音合成模块，其概述介绍及功能如下。

1. CN-TTS 语音合成模块

CN-TTS 是一款高集成度的语音合成模块，可实现中文、英文、数字的语音合成，并且支持用户的命令词或提示音的定制需求。

CN-TTS 控制方式比较简单，它通过 TTL 串口发送 GBK 编码，可兼容市面上主流的 5V 或 3.3V 单片机。

（1）CN-TTS 语音合成模块功能描述

CN-TTS 支持任意中文、英文字母、阿拉伯数字的文本合成，并且支持中文、英文字母、数字的混读。

该模块支持中文 GBK 编码集，支持大、小写英文字母。它采用 UART 通信方式，UART 串口支持 9600bps，发什么报什么，简单易用。

支持状态显示的用户控制器能够清楚地显示模块是否正在合成播报，是否是空闲状态。

（2）CN-TTS 语音合成模块引脚定义

CN-TTS 语音合成模块的各个引脚描述如表 7-1 所示。

表 7-1　CN-TTS 语音合成模块的各个引脚描述

编号	颜色	引脚	描述
1	红	5V	5V 电源输入，支持 4.5-5.5V
2	黄	RX	串口接收脚，接用户 MCU 的 TX 脚
3	白	TX	串口发送脚，接用户 MCU 的 RX 脚，不用可悬空
4	黑	GND	地

2.　通信接口介绍

CN-TTS 采用 UART 通信方式，UART 硬件连接的方法为：

用户的 MCU 的串口 TX、RX 脚分别与 CN-TTS 模块的 RX、TX 脚连接（即收发交叉连接），如图 7-26 所示。

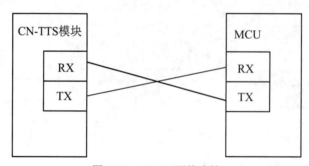

图 7-26　UART 硬件连接

3.　UART 软件控制

UART 的软件控制配置如下（如图 7-27 所示）。

start	D0	D1	D2	D3	D4	D5	D6	D7	stop

图 7-27　UART 的软件控制配置

（1）通信标准：UART

（2）波特率：9600 bps

（3）起始位：1bit

（4）数据位：8 bits

（5）停止位：1 bit

（6）校验：无

4. 具有交互功能的语音辨识模块的应用程序讲解

第一步：对数据进行判断，说"后退"时串口输出 0x01，小车后退，并且语音模块输出"后退"。"后退"对应的十六进制数为："后"为"0xBA""0xF3"，"退"为"0xCD""0xCB"，且要写一句代码"Serial3.write(0xBA)；Serial3.write(0xF3)；Serial3.write(0xCD)；Serial3.write(0xCB)；"，如图 7-28 所示。

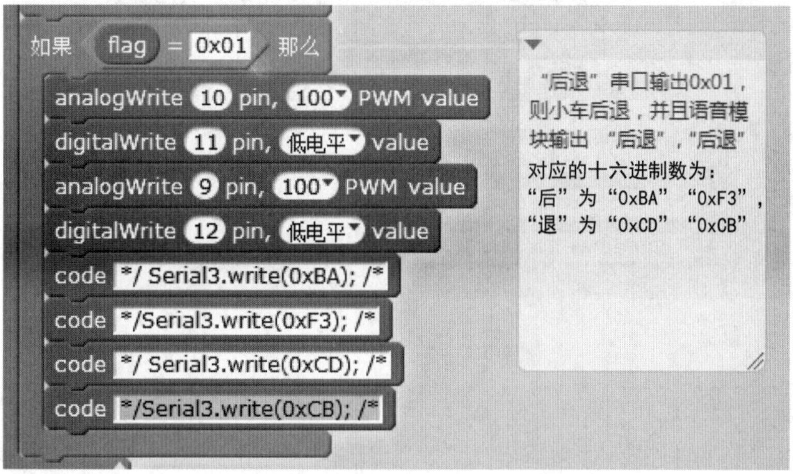

图 7-28　"后退"命令代码

第二步：对数据进行判断，说"左转"时串口输出 0x02，小车左转，并且语音模块输出"左转"。"左转"对应的十六进制数为："左"为"0xD7""0xF3"，"转"为"0xD7""0xAA"，且要写一句代码"Serial3.write(0xD7)；Serial3.write(0xF3)；Serial3.write(0xD7)；Serial3.write(0xAA)；"，如图 7-29 所示。

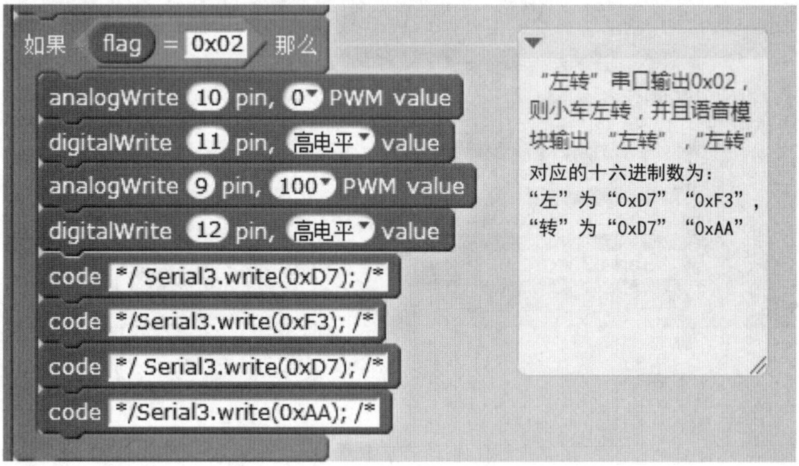

图 7-29　"左转"命令代码

第三步： 对数据进行判断，"右转"串口输出 0x03，小车右转，并且语音模块输出"右转"。"右转"对应的十六进制数为："右"为"0xD3""0xD2"，"转"为"0xD7""0xAA"，且要写一句代码"Serial3.write(0xD3)；Serial3.write(0xD2); Serial3.write(0XD7)；Serial3.write(0xAA)；"，如图 7-30 所示。

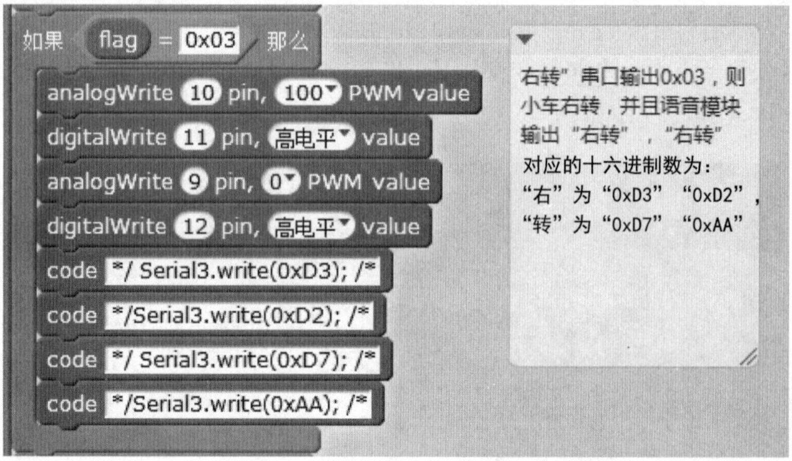

图 7-30 "右转"命令代码

第四步： 对数据进行判断，"停止"串口输出 0x04，小车停止，并且语音模块输出"停止"，"停止"对应的十六进制数为："停"为"0xCD""0xA3"，"止"为"0xD6""0xB9"，且要写一句代码"Serial3.write(0xCD); Serial3.write(0xA3); Serial3.write(0xA3); Serial3. write(0xB9)；"，如图 7-31 所示。

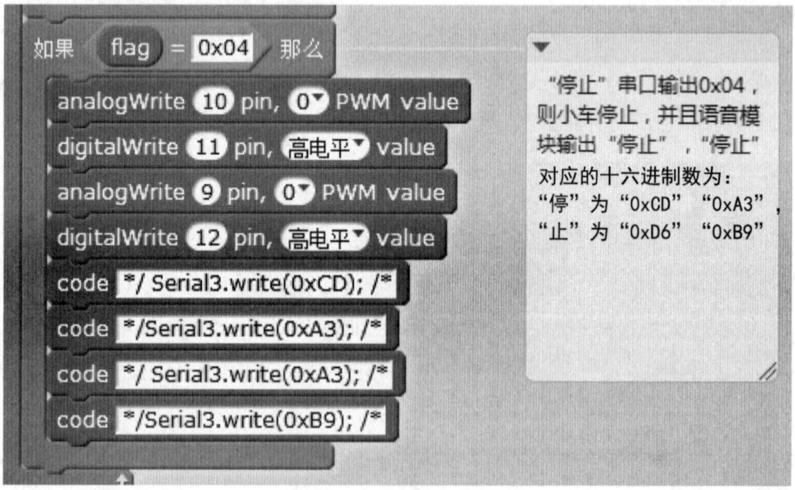

图 7-31 "停止"命令代码

思　考　题

1．从语音信号输入到识别结果的过程中，它包含的主要三个基本环节是哪些？

2．声音通常存储为 mp3 格式，这种采集到的声音信号可以直接用来进行语音辨识处理吗？

3．语音信号在分帧提取后信息编码是如何实现的？分帧提取的状态点的幅值大小与特征向量值大小相同吗？

4．基于语音控制的小车与我们日常了解的声控灯的原理是相同的吗？为什么声控灯不能完成语音智能辨识？

第 8 章

人机的智能交互

学习目标

1. 了解人机交互的概念。
2. 掌握脑机接口的组成及技术原理。
3. 掌握蓝牙模块的配对。
4. 熟悉脑控小车启停的控制。

人机交互（Human Computer/Machine Interaction，简称 HCI/HMI）是一门研究人与机器信息交互的技术，是人工智能研究的新兴方向。小如电视遥控器、手机指纹锁，大至飞机仪表板、工厂控制室，自从 1959 年美国学者 B. Shackel 提出人机交互以来，其应用已深入到人们日常生活的方方面面。

8.1 人机交互原理

具体地讲，人机交互是指人与机器之间为完成特定的任务，通过某种特殊的语言，以一定的方式进行信息交互的技术。这里的机器既指计算机的软件和操作系统，也包括日常生活中各种各样的机器。人机交互技术的出现使得人们的生活发生了根本上的改变，也推动了新一轮的技术革命。

在日常生活中，人机交互无处不在。当你使用电梯上下楼时，你需要在众多按钮中选择一个你要去的楼层，这时候被按下的按钮会被点亮，当你看到灯亮时你就会明白电梯已经接到了指令，此时你就会安心地等待电梯把你送到要去的楼层。在这一过程中就使用了人机交互技术，由你给电梯发送了一个指令，电梯接收到指令后会反馈给你一个信息，从而使人和电梯之间形成了一个信息的交流。图 8-1 给出了操作者与电梯之间的信息交互示例。

图 8-1　操作者与电梯之间的信息交互

人机交互的概念有广义和狭义之分：广义上的人机交互以实现自然、高效、和谐的人机关系为目标，与之相关的理论与技术都在其研究范畴；狭义上讲则主要是研究人与计算机之间的信息交互，主要包括人到计算机和计算机到人的信息交换两部分。因此，人机交互一直伴随着计算机的发展而发展。人机交互的发展过程也就是从人适应计算机到计算机不断适应人的过程，它经历了语言命令交互、图形用户界面（GUI）交互、自然和谐的人机交互三个阶段。

语言命令交互主要是利用计算机编程语言让计算机理解人的意图，比如机器语言、汇编语言以及高级语言等；图形用户界面交互则是基于"所见即所得"形式实现，主要依赖于菜单的选择和交互组件的使用，比如本书中使用的图形化编程语言即是介于语言命令和图形用户界面之间的交互手段；自然和谐的人机交互是高级的交互手段，是随着虚拟现实、移动计算、图像处理等技术的发展而出现的新兴交互技术。

8.2 节则以自然和谐人机交互中的脑机接口技术为例进行讲解。

8.2　脑机接口技术

脑机接口技术诞生于 20 世纪 80 年代美国加州大学洛杉矶分校，自此以后该技术得到了迅速发展。脑机接口是一种不依赖于大脑正常输出通路，可以在大脑与外部设备之间实现直接通信的特殊交互系统。

8.2.1　脑机接口组成

脑机接口系统有三部分组成，即脑、机和接口。"脑"即有生命形式存在的具有思维认知的神经系统；"机"即任何能进行计算和操控的设备，可以从简单的电路到复杂的大型设备；"接口"即用于信息交互的中介物，可以理解为具有翻译功能的装置，在大脑与机器之间进行语言的翻译，也即信息的传输与交互。图 8-2 给出了脑机接口的基本原理框图。

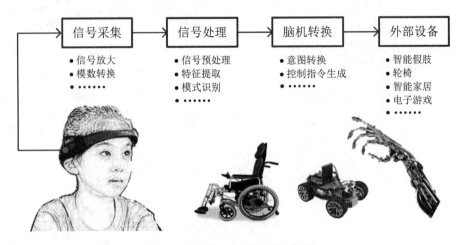

图 8-2　脑机接口的基本原理框图

8.2.2　脑机接口原理

众所周知，要想与人交流你必须能够理解对方的语言。因此，获得大脑的"语言"是实现脑机接口的第一步。对脑机接口语言的探究最早可以追溯到 1924 年德国精神病学家 Berger 在其儿子 Jena 大脑上做的脑电图实验，当时首次采集到了人类头皮上的电信号。尽管这个实验当时并没有引起人们的重视，但脑电图的获得使得我们知道了大脑中信息的传输依靠的语言是"电"。

脑电信号表征了大脑内部神经元的活动，而神经元的活动是大脑产生思维的基础，每一种神经活动模式都对应着一种特定的思维形态。通过辨识神经活动模式，就可以解读出大脑思维的意图，从而实现与外界设备的交流。

一个脑机接口系统通常包括检测、解码、翻译和控制等若干模块。就检测环节而言，既可以是上述的头皮脑电信号，也可以是颅内的神经元锋电位、局部场电位或皮层电位。由于这些信号携带了动物或人的思维信息，通过解码这些信号的内涵，就可以知道人的动机与目的，然后借助计算机等实现对可操控设备的控制，从而达到使外部设备根据人的意愿进行运动的目的。

8.3　用思维控制小车的启停

根据脑机接口技术的原理，要实现用大脑思维对小车的控制，首先需要知道什么是信号，以及信号是如何被采集和处理的。在此基础上还需要知道如何从脑电信号中获得大脑的运动意图，并如何将其转换成小车可以理解的指令，来最终实现小车的控制。因此，下面利用一个实例来真切感受脑机接口技术的魅力。

8.3.1 什么是信号

广义上讲，信号是表示消息的载体。比如，人说话时从口中发出的、用于表达个人意图的声信号；遨游太空的各种无线电波、四通八达的电话网中的用于向远方亲人表达各种信息的电信号。信号在我们的生活中无处不在。信号有多种分类方式，根据存在方式不同常将其分为模拟信号和数字信号。模拟信号一般是通过采样转换成数字信号。如人说话的声音就是模拟信号，而将人说话的声音经采样后存储在计算机中，此时的模拟信号就会被转换成数字信号。

因此在计算机中进行存储和处理的信号都是数字信号，脑电信号也不例外。数字信号就是用离散的数字来表示信息的变化，它可以用一组数字来表示。

8.3.2 脑电信号的采集

在形式上，脑电信号是一组数字信号，而在内容上，脑电信号表征的是头皮上两点之间电压的变化。所谓电压，也被称为电势差或电位差，通俗地讲就是使电流从一个地方流向另一个地方的电位差，因此在一个点上不存在电压。所以要记录到脑电信号，至少需要两个记录点。测量头皮脑电的装置我们称为电极，当记录某个人的脑电信号时，我们将这个人称为被试。

众所周知，在家用电器的三孔插座中，除了火线和零线，还有一个是地线。这个地线就提供了电压中的另一个点，被称为参考点。地线通过与一个深埋于地下的金属桩进行连接，提供了一个系统中所有电压的公共参考点。这里测量的脑电虽然也需要一个这样的参考点，但是我们不能将头皮的电极与深埋地下的金属桩之间的电位作为测量得到的脑电信号。因为这个电压反映了被试身上聚集的所有静电荷，它会淹没所有大脑神经活动，而且有时也会有遭受电击的危险。

在脑电信号测量中，一般是建立一个与地线隔离的虚拟地，该虚拟地又被称为接地电极，一般放置在被试的头部或身体上的某个适宜位置。相应地放在头皮上的电极被称为头皮电极。因此，通过测量头皮电极与接地电极之间的电压变化，就可以测量得到脑电信号。

但是，使用这种方法记录到的电压不仅反映了头皮电极的活动，也反映了接地电极的活动。在这里，头皮电极记录到的电活动一般被称为信号，而接地电极记录到的电活动一般被称为噪声。信号与噪声之间的比值一般被定义为信噪比（Signal-noise Ratio）。信噪比越大，说明信号越强、噪声越弱、记录系统的性能越好，反之则表明越差。

为了解决接地电极所引起的噪声问题，加之脑电信号十分微弱（μV 级），因此脑电信号记录常采用差动放大技术，即差动放大器。一个差动放大器使用三个电极来记录电活动：放在指定头皮位置的头皮电极（A）、放在头皮其他位置的参考电极（R）和接地电极（G）。差动放大器就是将头皮电极与接地电极之间的差值（AG）和参考电极与接地电极之间的差值（RG）再做差，以消除接地电极引起的噪声。因此，使用这种方法我们就可以记录特定头皮位置的脑电信号。

8.3.3　大脑运动意图的解码

解码是指受传者将接收到的符号或代码还原为信息的过程，与编码相对应。比如拨打电话，一般将发送方的语音通过一定形式的转换称为编码，将接收方接收到的信号转换成语言形式称为解码。此处，解码是指将大脑的运动意图从反映大脑思维活动的脑电信号中提取出来。

人的脑主要包括大脑、间脑、小脑、中脑、脑桥及延髓等6个部分组成。此处采集的脑电信号主要是大脑的神经活动。而大脑根据功能的差异又分为额叶、顶叶、枕叶和颞叶4个部分。额叶主要与随意运动及高级精神活动有关，包括躯体运动功能、语言功能、智能以及情感等活动；枕叶为视觉皮质中枢，主要负责人体处理语言、动作感觉、抽象概念及视觉信息等；颞叶为听觉语言中枢、听觉中枢、嗅觉中枢、味觉中枢所在地，而且还与记忆有关；顶叶主要由感觉和监控身体各部分对外界刺激反应的皮质构成，在集中注意力过程中起主要作用。

在本节小车的启停控制中，我们主要是利用大脑的专注度来进行小车的启停控制，即当专注度高于设定值时小车就会启动，反之，当专注度低于设置值时小车就会停止。所以根据这一原理，我们将头皮电极放置在容易接触皮肤且与专注度有关的前额位置，将参考电极放置在耳垂位置来进行脑电信号的采集。

采集到脑电信号之后，就需要对其进行处理，即计算出大脑的专注度值。在计算大脑专注度时一般使用样本熵这一特征。样本熵与衡量信号能量大小的幅值、运动快慢的频率等类似，也是衡量信号的一个指数，但他是衡量信号混乱程度的指数。其物理意义是指脑电信号成分复杂的程度，其值越大代表脑电信号成分越复杂，表明大脑对当前事物投入越多，即专注度越高。专注度指数范围在0～100之间，不同人的专注度指数不一样，当心烦意乱、精神恍惚、注意力不集中以及焦虑等精神状态时，都将降低专注度指数。如果能将专注度指数和小车的运动联系起来，就可以实现对小车运行的控制。

8.3.4　小车的启停控制程序实现

小车的启停控制通俗地讲就是小车速度的控制，有速度小车就会运行，没有速度就意味着小车停止。根据这一思路，可以将大脑专注度指数与小车运行速度进行关联，关注度指数越大，小车运行速度越快。

在小车的启停控制实现中，脑电信号采集与处理装置采用的是已成熟的神念科技公司的TGAM模块，脑机接口与智能小车的通信方式为蓝牙通信。即将脑电传感器（脑电帽）采集的头皮脑电信号经TGAM模块读取并处理成专注度指数之后，利用蓝牙模块发送给小车上的蓝牙模块，小车接收到专注度指数后将其转换成小车的运行速度，小车根据运行速度即可进行运行，专注度指数越大，小车运行速度越快。

1.　脑控智能小车硬件连接

脑控智能小车硬件部分的重点是脑电采集传感器与TGAM模块、蓝牙模块的连接，如图8-3所示。在图8-3中，左图为硬件部分的连接原理图，右图为TGAM模块与蓝牙模块的连接实物图。

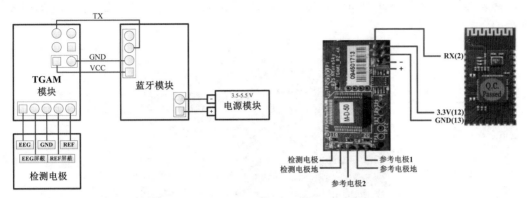

图 8-3　脑控智能小车硬件连接原理图（左）和实物图（右）

2. 脑控智能小车程序编写

　　TGAM 模块烧录了脑电信号的采集和处理程序，可以直接将脑电信号转换成专注度指数数据，因此关于如何将脑电信号转换成专注度指数此处不再赘述。TGAM 模块通过蓝牙模块每秒钟大约发送 513 个数据包，发送的数据包分为小包和大包两种，其中小包为原始数据，即没有处理的数据，大包为各种处理后的数据，因此专注度指数就包含在大包中。

　　当智能小车上的蓝牙模块接收到数据后，将采用串口通信的方式与单片机进行连接。单片机上的串口一直接收数据，并在实时处理后控制小车运行。具体步骤如下。

　　第一步：打开"机器人模块"，将模块积木"Advanced Arduino Program"放在主编程界面上，如图 8-4 所示。

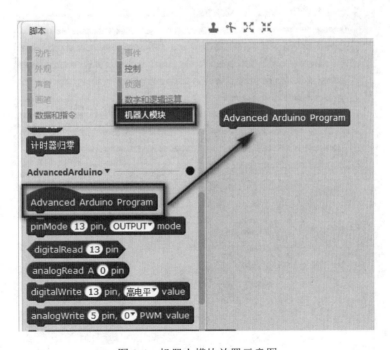

图 8-4　机器人模块放置示意图

第二步：设置串口通信波特率为 57600。然后定义一个全局数组变量，包含 36 个数据，同时定义两个全局变量 var_A 和 var_B，并将 I/O 端口设置为"OUTPUT"模式，如图 8-5 所示。

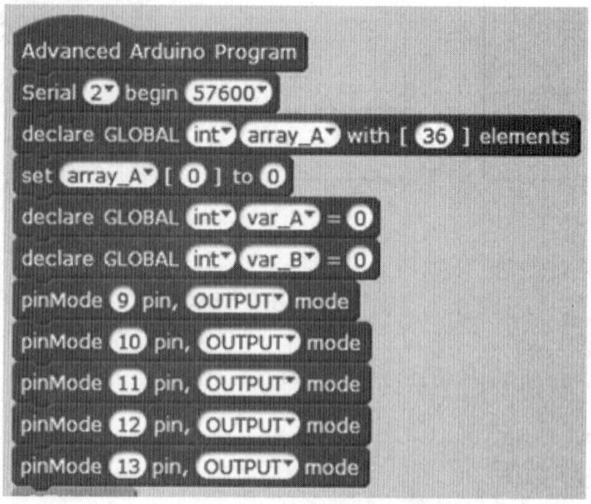

图 8-5　变量和 I/O 端口设置程序

第三步：编写一个循环程序，重复判断串口 2 是否收到数据，如果有数据就存储在 array_A 数组中。串口 2 每次会接收到 36 个数据，其中第 33 个数据为专注度指数数据，其他数据包含的信息请参考相关资料。然后，将专注度指数数据转换成控制小车速度的 PWM 值，这样就可以控制小车的启停和运行速度。具体程序如图 8-6 所示。

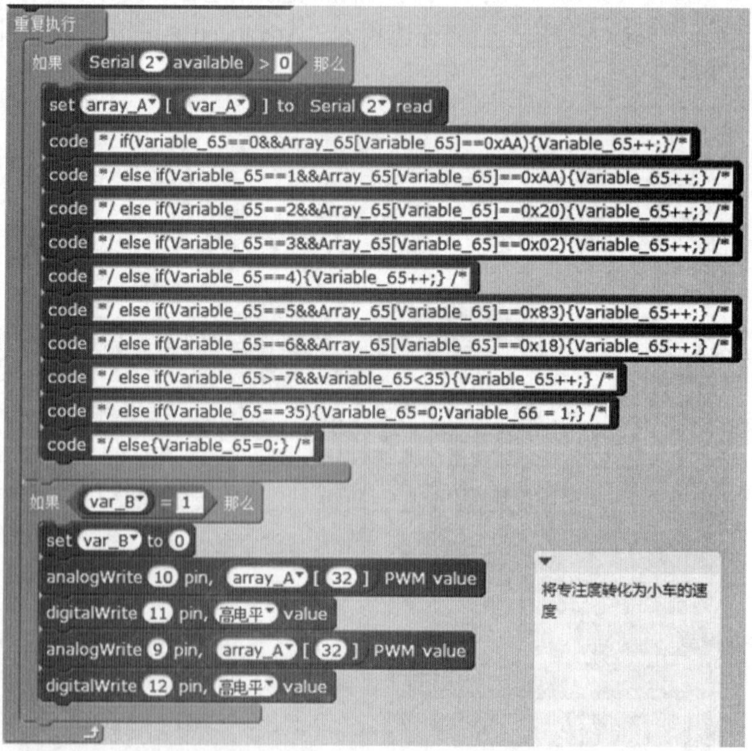

图 8-6　专注度指数读取与小车启停运行控制程序

脑控智能小车启停运行整体程序如图 8-7 所示。

```
Advanced Arduino Program
Serial 2▾ begin 57600▾
declare GLOBAL int▾ array_A▾ with [ 36 ] elements
set array_A▾ [ 0 ] to 0
declare GLOBAL int▾ var_A▾ = 0
declare GLOBAL int▾ var_B▾ = 0
pinMode 9 pin, OUTPUT▾ mode
pinMode 10 pin, OUTPUT▾ mode
pinMode 11 pin, OUTPUT▾ mode
pinMode 12 pin, OUTPUT▾ mode
pinMode 13 pin, OUTPUT▾ mode
重复执行
    如果 Serial 2▾ available > 0 那么
        set array_A▾ [ var_A▾ ] to Serial 2▾ read
        code */ if(Variable_65==0&&Array_65[Variable_65]==0xAA){Variable_65++;}/*
        code */ else if(Variable_65==1&&Array_65[Variable_65]==0xAA){Variable_65++;} /*
        code */ else if(Variable_65==2&&Array_65[Variable_65]==0x20){Variable_65++;} /*
        code */ else if(Variable_65==3&&Array_65[Variable_65]==0x02){Variable_65++;} /*
        code */ else if(Variable_65==4){Variable_65++;} /*
        code */ else if(Variable_65==5&&Array_65[Variable_65]==0x83){Variable_65++;} /*
        code */ else if(Variable_65==6&&Array_65[Variable_65]==0x18){Variable_65++;} /*
        code */ else if(Variable_65>=7&&Variable_65<35){Variable_65++;} /*
        code */ else if(Variable_65==35){Variable_65=0;Variable_66 = 1;} /*
        code */ else{Variable_65=0;} /*
    如果 var_B▾ = 1 那么
        set var_B▾ to 0
        analogWrite 10 pin, array_A▾ [ 32 ] PWM value
        digitalWrite 11 pin, 高电平▾ value
        analogWrite 9 pin, array_A▾ [ 32 ] PWM value
        digitalWrite 12 pin, 高电平▾ value
```

将专注度转化为小车的速度

图 8-7　脑控智能小车启停运行整体程序

8.4　扩展：智能脑控小车

　　在 8.3 节我们学习了用脑机接口控制小车的启停，将小车的速度与专注度指数进行了关联。但现实生活中，小车不仅能够启停，还可以转向、直行等。因此，在扩展部分我们利用专注度指数设计智能脑控小车，以实现小车的左转、右转、直行和停止等运动。

　　具体实现原理为：将专注度指数划分为 4 个等级，分别对应 4 个指令，即 0～20 为停止、20～50 为直行、50～75 为右转、75～100 为左转。通过自我调节专注度指数可以实现小车运行的控制，而且利用专注度指数的自我调节还可以改善大脑认知、预防阿尔兹海默症等神经退行性疾病，有兴趣的可以挑战一下。

根据上述原理，智能脑控小车的实现程序如下。

第一步：分别定义前进、停止、左转和右转函数，如图 8-8～图 8-11 所示。

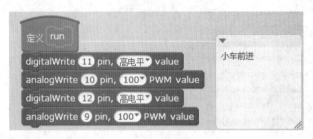

图 8-8　前进的定义程序

图 8-9　左转的定义程序

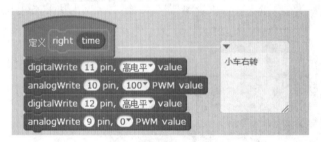

图 8-10　右转的定义程序

图 8-11　停止的定义程序

第二步：打开"机器人模块"，将模块积木"Advanced Arduino Program"放在主编程界面上。设置串口通信波特率为 57600。然后定义一个全局数组变量，包含 36 个数据，同时定义两个全局变量 var_A 和 var_B，并将 I/O 端口设置为"OUTPUT"模式。

第三步：编写一个循环程序，重复判断串口 2 是否收到数据，如果有数据就存储在

array_A 数组中。取出串口 2 每次接收到的 36 个数据中的第 33 个数据，即获得专注度指数，并将专注度指数划分为不同的等级，然后将其与上述步骤中定义的函数进行关联，如图 8-12 所示。

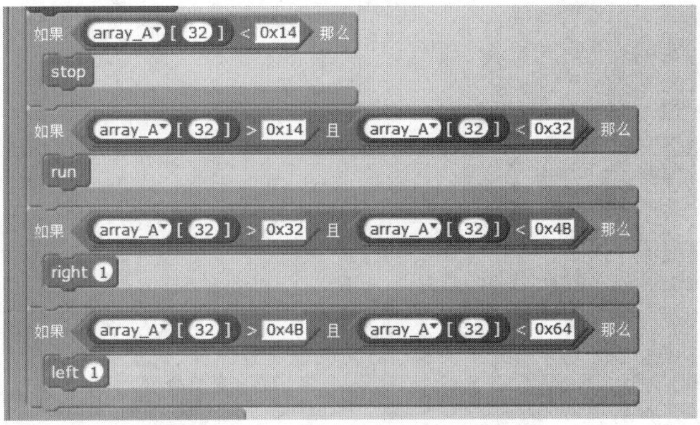

图 8-12　智能小车运行的控制程序

第四步：重复第三步的循环，通过调节大脑专注度指数即可控制小车的运动。
智能脑控小车的整体控制程序如图 8-13 所示。

图 8-13　脑控智能小车的整体控制程序

```
Advanced Arduino Program
Serial 2 begin 57600
declare GLOBAL int array A with [ 36 ] elements
set array A [ 0 ] to 0
declare GLOBAL int var A = 0
declare GLOBAL int var B = 0
pinMode 9 pin, OUTPUT mode
pinMode 10 pin, OUTPUT mode
pinMode 11 pin, OUTPUT mode
pinMode 12 pin, OUTPUT mode
pinMode 13 pin, OUTPUT mode
重复执行
    如果  Serial 2 available > 0  那么
        set array A [ var A ] to  Serial 2 read
        code */ if(Variable_65==0&&Array_65[Variable_65]==0xAA){Variable_65++;}/*
        code */ else if(Variable_65==1&&Array_65[Variable_65]==0xAA){Variable_65++;} /*
        code */ else if(Variable_65==2&&Array_65[Variable_65]==0x20){Variable_65++;} /*
        code */ else if(Variable_65==3&&Array_65[Variable_65]==0x02){Variable_65++;} /*
        code */ else if(Variable_65==4){Variable_65++   /*
        code */ else if(Variable_65==5&&Array_65[Variable_65]==0x83){Variable_65++;} /*
        code */ else if(Variable_65==6&&Array_65[Variable_65]==0x18){Variable_65++;} /*
        code */ else if(Variable_65>=7&&Variable_65<35){Variable_65++;} /*
        code */ else if(Variable_65==35){Variable_65=0;Variable_66 = ;} /*
        code */ else{Variable_65=0;} /*
    如果   var B = 1  那么
    set var B to 0
        如果   array A [ 32 ] < 0x14  那么
            stop
        如果   array A [ 32 ] > 0x14  且  array A [ 32 ] < 0x32  那么
            run
        如果   array A [ 32 ] > 0x32  且  array A [ 32 ] < 0x4B  那么
            right 1
        如果   array A [ 32 ] > 0x4B  且  array A [ 32 ] < 0x64  那么
            left 1
```

图 8-13　脑控智能小车的整体控制程序（续）

思 考 题

1. 什么是人机交互？
2. 脑机接口由哪些基本部分组成？

3．简述脑控小车转向运动的基本过程。

4．编写一个脑机接口控制小车启停的程序，即专注度指数≥20 时小车启动开始直行，专注度指数<20 时小车停止。

5．制作一个脑控小车，用放松度指数控制小车启停，用专注度指数控制小车转向。具体为当放松度指数≥20 时小车启动开始直行，放松度指数<20 时小车停止，当专注度指数≥20 时小车左转，专注度指数<20 时小车右转。提示：放松度指数为串口 2 每次接收到的 36 个数据中的第 34 个数据。

第9章

无人驾驶

1. 了解无人驾驶的概念。
2. 掌握无人驾驶的系统组成及工作原理。
3. 掌握自动循迹的工作原理。
4. 熟悉超声波避障和舵机的工作原理。

　　无人驾驶全称是无人驾驶汽车，又称轮式移动机器人，主要是依靠以人工智能技术为核心的智能驾驶仪来实现无人驾驶的目的。具体地讲，无人驾驶汽车是通过车载传感系统感知车辆周围环境，并根据感知所获得的道路、车辆位置和障碍物信息，控制车辆的转向和速度，并能自动规划行车路线，从而控制车辆安全、可靠地在道路上行驶，最终到达预定目的地的智能汽车。

9.1　无人驾驶原理

　　无人驾驶汽车兴起于 20 世纪 70 年代，美国、英国、德国等发达国家最先开始进行无人驾驶汽车的研究。2005 年，由美国斯坦福大学科研团队研发的斯坦利（Stanley）自动驾驶汽车成功地实现了越野行驶 212 千米，在无人驾驶机器人挑战赛中第一个通过终点。我国从 20 世纪 80 年代开始进行无人驾驶汽车的研究，国防科技大学在 1992 年成功研制出了中国第一辆无人驾驶汽车；随后，上海交通大学在 2015 年研制成功了首辆城市无人驾驶汽车。

　　无人驾驶汽车主要由车道保持系统、自适应巡航系统（或激光测距系统）、精确定位/

导航系统以及夜视系统等组成。图 9-1 展示了谷歌公司无人驾驶汽车的原理示意图。

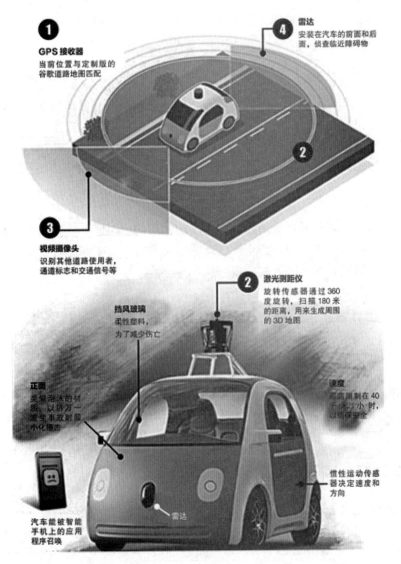

图 9-1 谷歌公司无人驾驶汽车原理示意图

1. 车道保持系统

车道保持系统用于控制车辆一直保持在正确的道路上行驶。在公路上行驶时，该系统能探测到左右两条车道线，如果发生偏航时，车道保持系统会自动修正方向，辅助车辆回正使其一直保持在道路中间位置行驶。

2. 自适应巡航系统

自适应巡航控制（简称 ACC），有时也称为激光测距系统，是一个允许车辆巡航控制系统通过调整速度以适应交通状况的汽车功能。安装在车辆前方的雷达用于检测在本车前进道路上是否存在速度更慢的车辆。若存在速度更慢的车辆，ACC 系统会降低车速并控制与前方车辆的间隙或时间间隙。当系统检测到前方车辆并不在本车行驶道路上时，将加快本车速度使之回到之前所设定的速度。此操作实现了在无司机干预下的自主减速或加速。ACC 控制车速的主要方式是通过发动机油门控制和适当的制动。

3. 精确定位/导航系统

高精度的汽车车身定位是无人驾驶汽车行驶的先决条件。自动驾驶汽车依赖于非常精确的地图来确定位置。在自动驾驶汽车上路之前，工程师会驾车收集路况数据，因此，自动驾驶汽车能够将实时的数据和记录的数据进行比较，这有助于它将行人和路旁的物体分辨开来。目前常用的车辆定位系统有美国 GPS 定位系统和中国的北斗定位系统。

4. 夜视系统

夜视系统是一种源自军事用途的汽车驾驶辅助系统。在这个辅助系统的帮助下，驾驶者在夜间或弱光线的驾驶过程中将获得更高的预见能力，它能够针对潜在危险向驾驶者提供更加全面准确的信息或发出早期警告。

9.2　自动循迹技术　

自动循迹是一种经典的无人驾驶技术。依赖于自动循迹技术的循迹机器人是一种能够自动按照给定路线进行移动的机器人，目前已在军事、民用和科学研究等方面得到了广泛应用，例如自动化生产线上的物料输送机器人、医院的陪护机器人、商场的导游机器人等。

9.2.1　自动循迹原理

自动循迹机器人是一个运用传感器、信号处理、电极驱动及自动控制技术来实现路面探测、障碍检测、信息反馈和自动行驶的技术综合体。循迹即循着一定的轨迹运动，因此，自动循迹的核心就是检测运动轨迹。要检测轨迹，往往需要轨迹线与背景尽可能区别明显，比如在白色地板上循黑线行走，由于黑线和白色地板对光线的反射系数不同，可以根据接收到的反射光强弱来判断"道路"。

因此，根据这一原理，科学家提出了红外探测法用于轨迹的探测。即利用红外线在不同颜色的物体表面具有不同的反射性质的特点，在小车行驶过程中不断地向地面发射红外光，当红外光遇到白色地板时发生漫反射，反射光被装在小车上的接收管接收；如果遇到黑线，则红外光被吸收，小车上的接收管接收不到红外光。单片机就以是否收到反射回来的红外光为依据来确定黑线的位置和小车的行走路线。

9.2.2　自动循迹组成

根据自动循迹的原理可知，要实现自动循迹，首先需要一个探测轨迹的传感器，然后还需要一个用于处理传感器数据的主控制模块，以及用于控制循迹机器人运动的电机驱动模块和用于能量供给的供电模块，具体如图 9-2 所示。

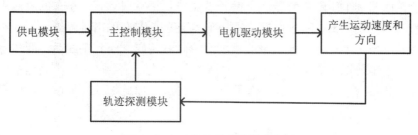

图 9-2　自动循迹技术的组成框图

9.3　智能小车的自动循迹

在循迹机器人中，智能循迹小车是经典的案例之一。下面我们就以智能小车的自动循迹为例来详述自动循迹技术。

9.3.1　轨迹的检测

轨迹的探测是智能循迹小车的核心步骤之一。假设智能小车是在白色地板上循着黑线运动，则循迹的具体实现为利用光电传感器检测黑白线。光电传感器一般指红外对射管，由红外发射和接收二极管组成，如图 9-3 左图所示。轨迹的探测就是利用黑色和白色对红外线不同的反射能力，通过光敏器件接收反射回的不同光强信号，并将其转换成电流信号，最后通过电阻转换成主控芯片即单片机可以识别的高低电平信号，基本电路如图 9-3 右图所示。

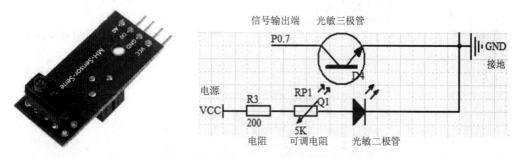

图 9-3　红外对射管实物图（左）和内部电路原理图（右）

由图 9-3 可知，红外对射管由两个光敏器件组成，一个用于发光的光敏二极管，另一个用于接收的光敏三极管。当给红外对射管上电时，即 VCC 为高电平，光敏二极管启动，开始发光；当 VCC 为低电平时，光敏二极管休眠。P0.7 用于检测信号输出，当遇到黑色时，黑色吸收大量的红外线，反射的红外线很弱，光敏三极管不导通，P0.7 输出高电平；当遇到白色时，白色反射的红外线很强，使光敏三极管导通，P0.7 输出低电平。根据这一原理从而判断出红外对射管对应的路面是白色还是黑色。

在循迹过程中，一般需要两个红外对射管，以确保小车沿着黑线运动，两个红外对射管安装的示意如图9-4所示。智能小车循着黑线走，正常情况下，小车的一对光电传感器同时输出的信号为低电平，小车向前直走。但如果小车向左偏离了黑线，那么右边传感器会产生一个高电平，单片机判断这个信号，然后向右转向，回到黑线后，两传感器输出信号为低电平，小车前进；如果小车向右偏离黑线，左边传感器产生一个高电平，单片机判断这个信号，然后向左转向，以使小车循着黑线前进。如此循环，以使小车一直能循着轨迹运动。

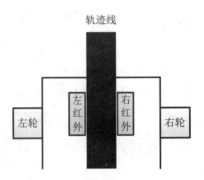

图 9-4　循迹传感器的安装示意

9.3.2　智能循迹小车的实现

根据上述原理，我们以智能小车在白色地板上循着黑色线运动为例来实现智能循迹小车的程序编写。由于程序指令较长，为了便于程序的编写和讲解，此处我们学习新的编程方法，即模块化编程。模块化编程即将具有特定功能的程序编写完成后封装为一个特定的模块，在使用该功能时直接调用该模块即可，这样会大大缩短程序的长度，而且使程序更具可读性。

智能循迹小车具体实现程序如下。

第一步：在"数据和指令"模块中，单击"新建模块指令"按钮，如图9-5所示。

图 9-5　新建模块指令操作

第二步：单击"新建模块指令"后会弹出如图 9-6 所示的对话框，同时在模块上输入函数块的名称"run"。此处注意名字不要用中文汉字，然后单击"确定"按钮，完成模块建立。

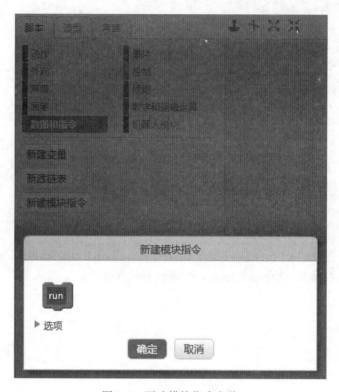

图 9-6　更改模块指令名称

第三步：为新建的模块添加指令，完成模块的定义，如图 9-7 所示。

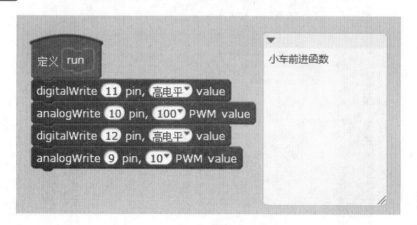

图 9-7　小车前进模块指令的定义

第四步：重复第一步至第三步，定义一个左转的模块。与上述模块不同之处的地方是，这个模块带参数，参数为小车运行时长。参数的添加是在模块下的选项内，为此单击"选项"下三角按钮会出现如图 9-8 所示的列表。

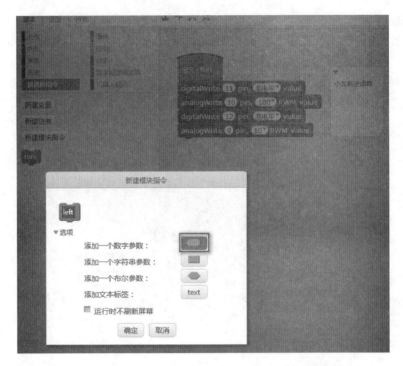

图 9-8　给模块添加参数操作

根据参数类型选择好参数后，会在模块名称右侧出现一个参数名称，如图 9-9 所示，将"number1"改为"time"表示暂停时间，"time"为参数的名称，然后单击"确定"按钮，完成模块建立。

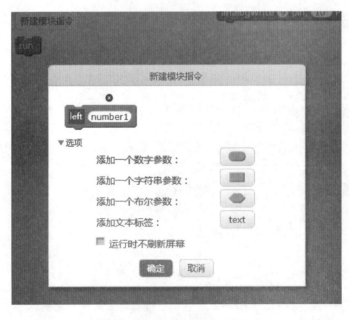

图 9-9　更改模块参数名称的操作

新建后的模块如图 9-10 所示。

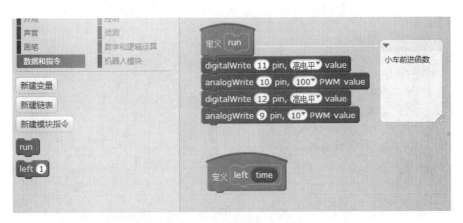

图 9-10　新建参数模块的效果图

然后为模块添加程序，即小车左转的控制程序，完成模块的建立，如图 9-11 所示。

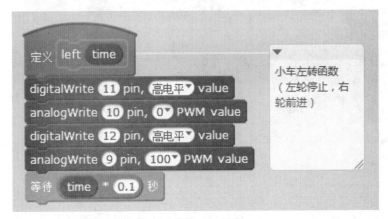

图 9-11　小车左转模块指令的定义

第五步： 与左转模块的建立过程一致，建立小车右转模块，如图 9-12 所示。

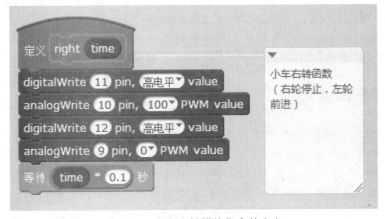

图 9-12　小车右转模块指令的定义

第六步： 建立主程序。主程序主要包含两部分，一是 I/O 工作模式的设定，二是获得轨迹检测传感器的输入信号以驱动智能小车的运动。主程序如图 9-13 所示。

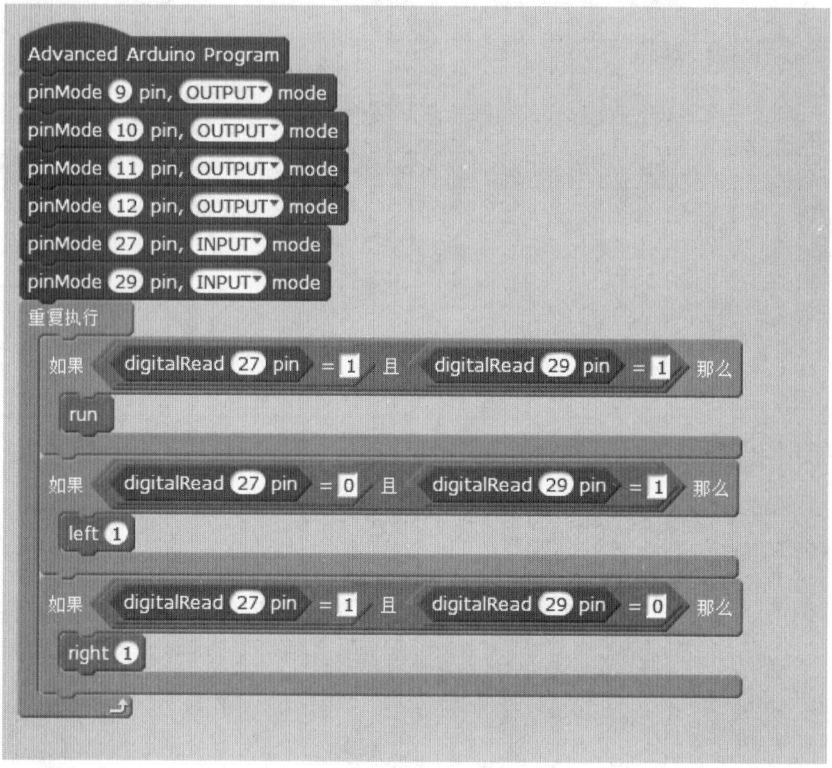

图 9-13 智能循迹小车主程序的定义

9.4 扩展：具有避障功能的自动行驶

在 9.3 节，我们制作了一个自动循迹功能的智能小车，可以沿着预先设定好的路线自动行驶。但是在日常生活中，有些无人驾驶机器人还具有避障功能，例如目前家庭常用的扫地机器人。下面将以具有避障功能的自动行驶小车为例来展示避障的原理和编程实现。

9.4.1 认识超声波避障

避障不仅要能检测到障碍，此外还要获得障碍的距离，才能在与障碍物碰撞之前进行动作以避免损坏小车。目前常利用超声波模块来实现避障功能。超声波避障是科学家根据蝙蝠捕食过程中对猎物的定位行为特性进行制作的，通常称为回声定位技术，如图 9-14 所示。具体地讲，蝙蝠能通过口腔或鼻腔把从喉部产生的超声波发射出去，声音碰到障碍物时会将声音回传，蝙蝠就能根据回传的声音来确定障碍物或猎物与自身的相对距离和方向。

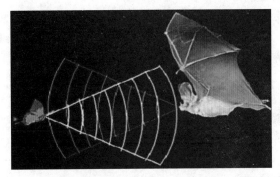

图 9-14　蝙蝠回声定位示意图

　　超声波避障与其类似。超声波是一种频率高于 20 kHz 的声波，因其频率下限大于人的听觉上限而得名。超声波不仅方向性好，而且穿透能力强，可用于测距、测速、清洗、焊接、碎石、杀菌消毒等领域，此外在医学、军事、工业、农业上也有广泛应用。

　　在超声波避障中主要是指超声波测距，与蝙蝠的测距原理一致。具体为：超声波发射器向某一方向发射超声波，在发射的同时开始计时，超声波在空气中传播，途中碰到障碍物就立即返回来，超声波接收器收到反射波就立即停止计时。根据时间差和超声波的速度可以估算出发射位置到障碍物位置的距离。

9.4.2　超声波避障的实现

　　超声波避障主要是基于超声波测距模块实现的，此处我们主要基于经典的 HC-SR04 超声波测距模块来介绍超声波避障的实现过程。

　　HC-SR04 超声波测距模块可提供 2cm～400cm 的非接触式距离感测功能，测距精度可达 3mm，包括发射器、接收器与控制电路，它是一种压电式传感器，利用电致伸缩现象而制成。HC-SR04 超声波测距模块实物图如图 9-15 所示，其共有 4 个接口端，其中 VCC 提供 5V 电源，GND 为地线，Trig 控制触发信号输入，Echo 控制回响信号输出。

+5 V
触发信号输入
回传信号输出
GND

图 9-15　超声波测距模块实物图

　　超声波测距模块的工作原理如下：

　　（1）采用 I/O 口 Trig 触发测距，高电平信号频段最少 10 微秒。

（2）模块自动发送 8 个 40khz 的方波，自动检测是否有信号返回。

（3）有信号返回，通过 I/O 口 Echo 输出一个高电平，高电平持续的时间就是超声波从发射到返回的时间。测试距离计算如下：

$$距离=（高电平时间 \times 声速）/ 2$$

其中声速为一常数，等于 340 m/s。

除了超声波测距模块，在超声波避障中还需要搭载平台，其主要作用就是用于控制超声波发射的方向。舵机是目前常用的超声波测距模块的搭载平台。舵机又称为伺服马达，是一种位置（角度）伺服的驱动器，适用于那些需要角度不断变化并可以保持的控制系统。舵机的实物图和原理图如图 9-16 所示。由图 9-16 可知，舵机共包含三个 I/O 端，VCC 提供 5V 的电源供电，GND 线和 PWM 控制线用于传输舵机转到角度的控制信号。

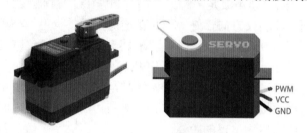

图 9-16　舵机实物图（左）和接口示意图（右）

舵机的工作原理为：

舵机转动角度的控制是通过控制信号脉冲的持续时间决定的，因此舵机的控制一般需要一个 20ms 左右的时基脉冲，该脉冲的高电平部分一般为 0.5ms～2.5ms 范围内的角度控制脉冲。脉冲的宽度决定了马达转动的距离。例如，对于 1.5ms 的脉冲，电机将转向 90°的位置（通常称为中立位置，对于 180°舵机来说，就是 90°位置）。如果脉冲宽度小于 1.5ms，那么电机轴向朝向 0 度方向；如果脉冲宽度大于 1.5ms，轴向就朝向 180 度方向。因此通过给定不同的脉冲宽度即可使舵机转动特定的角度。

图 9-17 给出了超声波避障的实物图和不同 I/O 口的定义。

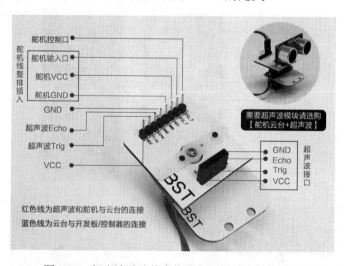

图 9-17　超声波避障的实物图和不同 I/O 口的定义

9.4.3 具有避障功能的自动行驶小车

前面我们学习了超声波测距和舵机的工作原理，在此基础上，本节将实现一个具有避障功能的自动行驶小车。小车避障实现的流程图如图 9-18 所示。

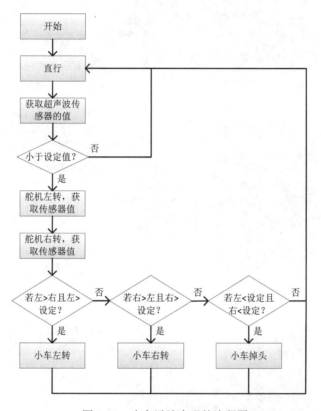

图 9-18 小车避障实现的流程图

具体实现步骤如下。

第一步：在"数据和指令"模块中，单击"新建模块指令"按钮。分别定义前进、左转、右转、停止、掉头等模块。具体建立步骤请参考本章的 9.3.2 节，此处不再赘述。建立后的指令模块如图 9-19～图 9-23 所示。

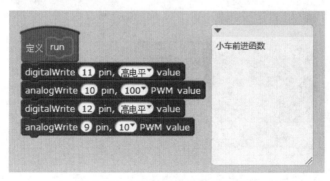

图 9-19 小车前进模块指令的定义

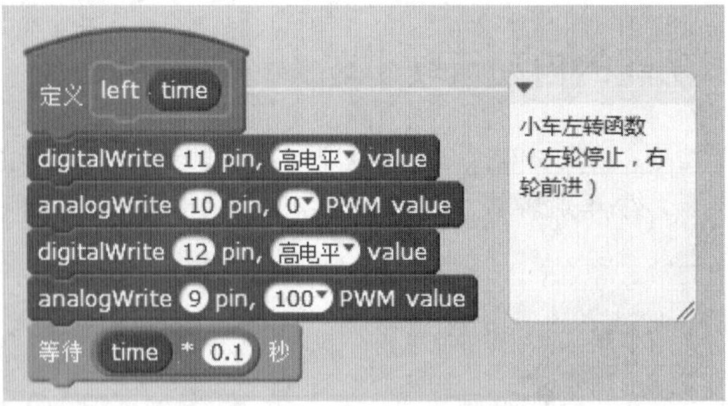

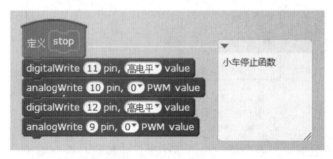

图 9-20　小车左转模块指令的定义

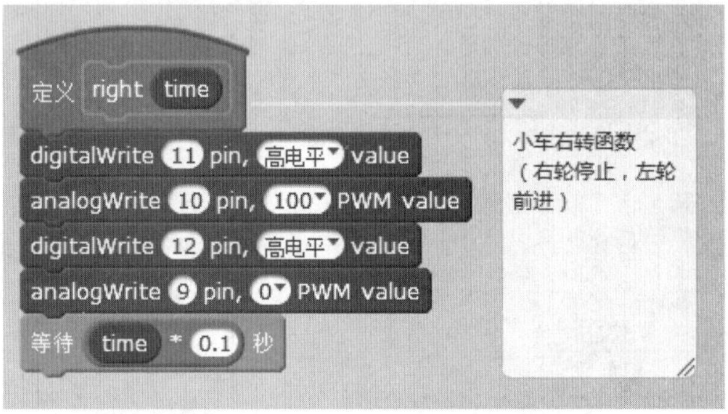

图 9-21　小车右转模块指令的定义

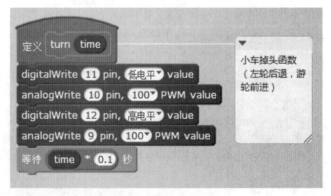

图 9-22　小车停止模块指令的定义

图 9-23　小车掉头模块指令的定义

第二步：控制超声波测距模块。即分别定义三个变量，将超声波测距读取到的数值储存起来，其中 Front_value 表示直行时的距离，Left_value 表示左边的距离，Right_value 表示右边的距离，如图 9-24 所示。

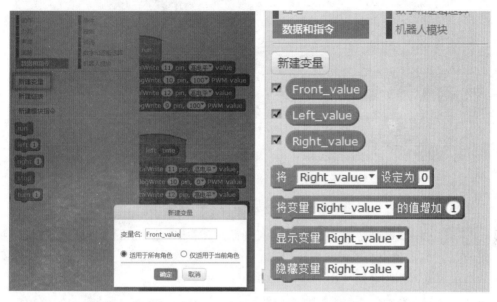

图 9-24　新建变量的操作（左）和超声波测距变量的新建（右）

第三步：定义一个变量，将舵机转的角度储存起来也就是脉冲宽度，其中 pulsewidt 表示脉冲宽度，同时再建一个中间变量 pulsewidt_value，用来转化单位，如图 9-25 所示。

第四步：定义舵机转动角度的函数，其中有两个参数（连续单击两次"添加一个数字参数"选项即可添加两个参数），一个是引脚，另一个则是转动的角度，如图 9-26 所示。

图 9-25　脉冲宽度变量的新建操作

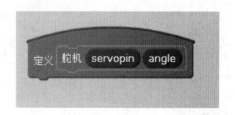

图 9-26　舵机转动角度函数的定义

第五步： 舵机转动程序，将角度转化为 0.5ms～2.5ms 的高电平，接着转化为低电平，如图 9-27 所示。

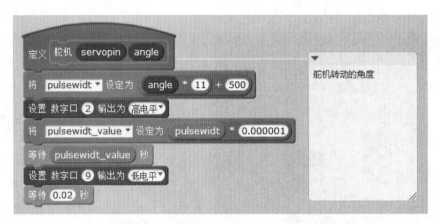

图 9-27　舵机转动角度函数指令的添加

第六步： 读取超声波测距的函数，读取直行距离并储存到 Front_value。将舵机转到正前方即 90°，这样超声波才能对准正前方，另外执行 5 次的原因，是为了防止舵机抖动，拉不到指定位置，如图 9-28 和图 9-29 所示。

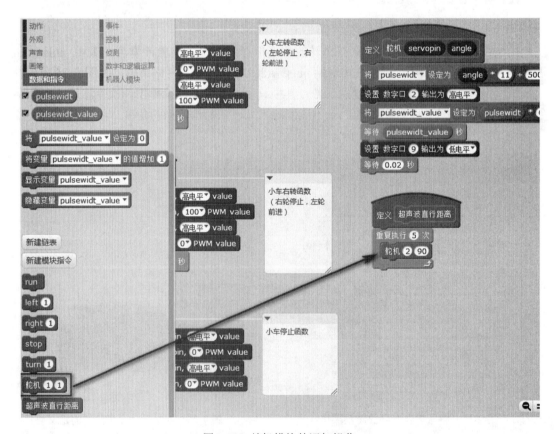

图 9-28　舵机模块的添加操作

图 9-29　存储超声波的值操作

第七步： 读取左边距离并储存到 Left_value。首先将舵机转到 5°，这样超声波才能对准左边，另外执行 5 次的原因，是为了防止舵机抖动，拉不到指定位置，如图 9-30 所示。

图 9-30　超声波读取左侧的距离操作

第八步： 读取左边距离并储存到 Right_value。首先将舵机转到 175°，这样超声波才能对准右边，另外执行 5 次的原因，是为了防止舵机抖动，拉不到指定位置，如图 9-31 所示。

图 9-31　超声波读取右侧的距离操作

第九步： 首先让超声波传感器读取正前方的距离，若距离小于 30cm，则小车停止前进。此时让小车测量左边，若左边没有障碍物，小车向左拐；若左边有障碍物，则测量右边，若没有小车就右转；假如前、左、右都有障碍物，则小车掉头。主程序如图 9-32 所示。

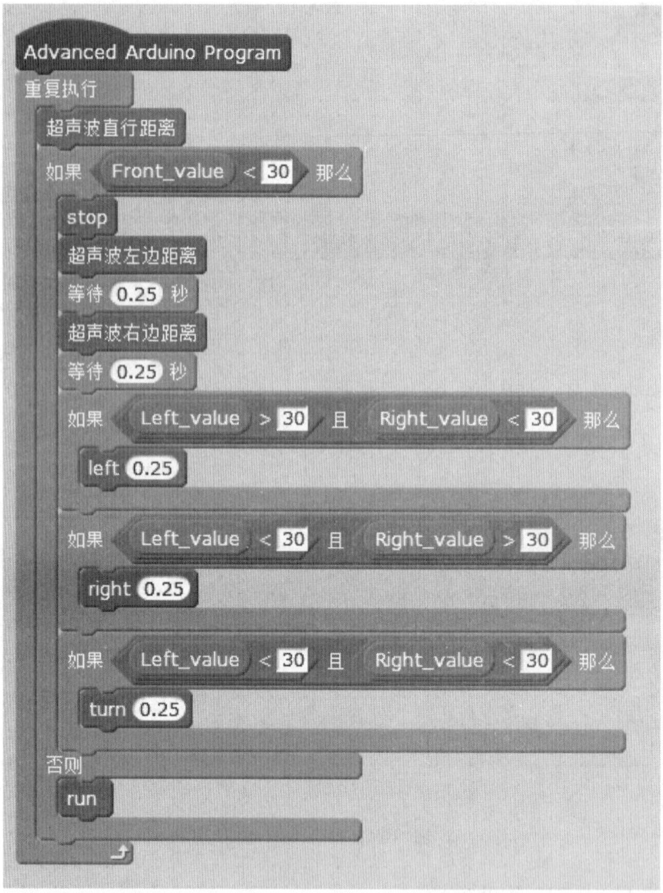

图 9-32　避障智能小车的主程序

思 考 题

1. 请简述无人驾驶的系统组成和工作原理。

2. 什么是自动循迹？请简述自动循迹的工作原理。

3. 什么是超声波？请简述超声波避障的原理。

4. 请用黑色绝缘胶带在白色地板上任意粘贴一条闭合的轨迹线，然后编写程序使小车能够沿着轨迹自动行驶。在此基础上，逐步更改小车的运行速度，观察不同运行速度对小车循迹性能的影响。

5. 制作一个具有避障功能的自动行驶小车，并能在碰到障碍时发出语音，提示故障的位置。例如，在小车左侧发现障碍时，发出"左侧有故障"语音提示，并同时控制小车往右转向。

第 10 章

智能 3D 打印

1. 3D 打印实现原理。
2. 3D 打印主流技术。
3. 3D 打印应用领域。
4. 3D 打印实现过程。
5. 3D 打印实操案例。

3D 打印（3D printing），又称增材制造、积层制造（Additive Manufacturing），是基于三维模型，采用与传统减材制造技术完全相反的逐层叠加材料的方式，直接制造与相应数字模型完全一致的三维物理实体模型的制造方法。

3D 打印的优势在于它不需要原胚和模具，直接根据计算机建模数据，通过增加材料的方法生成几乎任何形状的物体。最大的优点便是简化制造程序，缩短新品研制周期，高效成形复杂的结构，实现一体化、轻量化设计以及提高材料的利用率。

10.1 3D 打印实现原理

数字三维模型可以使用计算机辅助设计（CAD）或计算机动画建模软件设计制作，或者使用三维扫描技术生成。然后，再将建成的三维模型"分层"成逐层的截面，打印机通过读取文件中的横截面信息，用丝状、液体状或粉状的材料将这些截面逐层地打印出来，再将各层截面以各种方式黏合起来从而制造出一个实体，如图 10-1 所示。

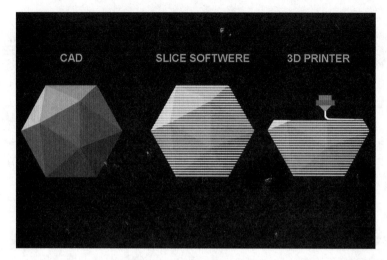

图 10-1　3D 打印实现原理

10.2　3D 打印主流技术

根据所用材料及生成层片方式的区别，3D 打印技术产业不断拓展出新的 3D 打印技术路线和实现方法。总体可大致归纳为挤出成型、粉状粉末物料成型、光聚合成型 3 大主流技术类型，每种类型又包括一种或多种技术路线。

10.2.1　挤出成型（Material Extrusion）

1.　熔融沉积成型

FDM（Fused Deposition Modeling，熔融沉积成型）技术使用塑料丝或金属丝作为材料，塑料丝或金属丝缠绕在一个圆盘上，电机将材料供应到可控制流量的挤出喷嘴中。喷嘴被加热以熔化材料，并通过由计算机辅助制造（CAM）软件包直接控制的数控机构在水平和垂直方向上移动。物体是通过挤出熔化的材料形成层，因为材料从喷嘴挤出后会立即变硬（如图 10-2 所示）。该技术使用最广泛的是两种塑料：ABS（丙烯酰胺苯乙烯）和 PLA（聚乳酸）。也有许多其他特性的材料在使用。

FDM 是斯科特·克鲁普（Scott Crump）在 20 世纪 80 年代末发明的。在申请了这项技术的专利后，他于 1988 年创立了 Stratasys 公司。

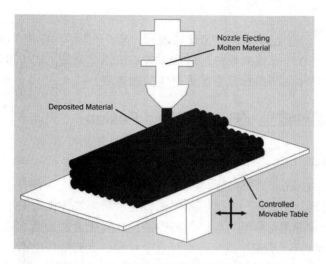

图 10-2　FDM（熔融沉积成型）打印原理

2．熔丝制造

FFF（Fused Filament Fabrication，熔丝制造）与 FDM 几乎完全相同，它是由 RepRap 项目的成员所创建的，目的是给出一个在法律上不受约束的词语。

常见的熔丝型结构有以下几种（如图 10-3 和图 10-4 所示）。

（1）XY-挤出头（Cartesian-XY-Head）

第一台 3D 打印机就是基于 XY-挤出头结构的。挤出头在 X 轴和 Y 轴上移动，打印床在 3D 打印机 Z 轴上移动。采用 XY-挤出头的结构非常精确，需要非常低的加速度，但打印床需要轻巧才能保持精度。

（2）XZ-挤出头（Cartesian-XZ-Head）

XZ-挤出头的结构最初由 Mendel 公司引入，其实它就是 XY-挤出头结构的第二个版本，主要区别在挤出头上，因为它将打印床移到 Y 轴上，挤出头在 X 轴和 Z 轴上移动。

（3）并联臂（Delta）

Delta 3D 打印机的名称源于挤出机头在三角形配置中由 3 臂支撑的方式。三角结构的好处是：运动部件是轻量的，因此限制了惯性。这样的话，打印速度更快，打印精度更高。

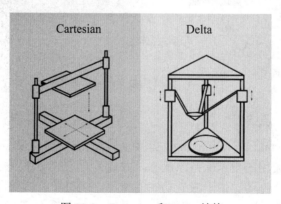

图 10-3　Cartesian 和 Delta 结构

（4）Core XY

Core XY 是一个 XY 结构，近年来比较流行。XY 升降运动取决于 X 和 Y 电机的合力效果。Core XY 是一个平行操纵系统，这意味着 Core XY 系统上的电机是固定的。平行操纵系统提供比 XZ-挤出头等串行堆叠配置更快的加速度。

10.2.2　粉床熔融成型（Powder Bed Fusion）

1.　多喷气融合

MJF（Multi Jet Fusion，多喷气融合）技术由惠普公司开发。该技术的工作原理是：扫臂沉积一层粉末材料，然后另一个装有喷墨的臂在材料上选择性地应用粘合剂。喷墨还在粘合剂周围沉积一种细化材料剂，以确保精确的尺寸和光滑的表面。最后，这一层暴露在突发的热能中，使材料试剂发生反应。重复这个过程，直到每一层都完成。该打印机每秒可沉积 3000 万滴，以实现超快和精确的生产，并且可以在单个部件上使用多个材料试剂，这意味着部件可以有不同的颜色和机械性能，范围可以小到体素（一个 3D 像素）。

2.　选择性激光烧结

SLS（Selective Laser Sintering，选择性激光烧结）使用高功率激光将塑料、陶瓷或玻璃粉末的小颗粒熔化成具有所需的三维形状。激光通过扫描粉床表面由 3D 建模程序生成的横截面（或层）来选择性地熔化粉末材料。在扫描每个横截面后，粉床将降低一层厚度。然后在顶部应用一层新的材料，并重复该过程，直到该物体打印完成，如图 10-4 所示。

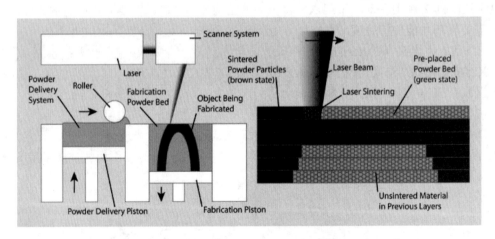

图 10-4　选择性激光烧结原理图

3.　直接金属激光烧结

DMLS（Direct Metal Laser Sintering，直接金属激光烧结）与 SLS 基本相同，但使用的是金属粉末。所有未使用的粉末保持原状态，并成为对象的支撑结构。未使用的粉末可以重复使用以进行下一次打印。由于激光功率的增加，DMLS 已演变为激光熔化过程。

10.2.3 还原光聚合

1. 光固化

SLA（Stereolithography，光固化）这项技术使用了一大桶紫外线固化光聚合物液体树脂。紫外线激光一次一个地构建物体的层，对于每一层，激光束在液体树脂的表面上描绘出零件图案的横截面。在紫外线激光照射下，树脂上的图案固化并与下面的层连接起来。

在一层完成之后，SLA 的升降平台下降的距离等于一层的厚度，通常为 0.05mm～0.15mm。然后，一个树脂填充刀片扫过部分的横截面，重新涂上新的材料。在这个新的液体表面上，后续的层图案被扫描固化，与上一层黏在一起。完整的三维物体就是这样形成的。光固化需要使用支撑结构，将零件连接到升降平台上，并保持形状，因为它浸在充满液体树脂的环境中，打印完成后可以手动去除这些支撑，如图 10-5 所示。

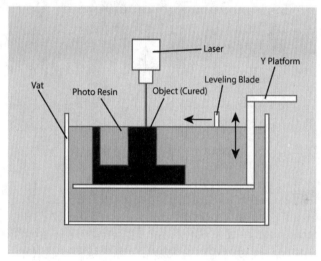

图 10-5　光固化原理图

2. 数字光处理

DLP（Digital Light Processing，数字光处理）是指一种印刷方法，利用的是光和光敏聚合物。虽然它非常类似于立体印刷，但关键的区别是光源。DLP 利用传统光源，如弧光灯。

在大多数 DLP 的 3D 打印形式中，每一层所需的结构都被投射到一大桶液体树脂上，然后随着构建板的上下移动一层一层地固化。由于这一过程是每一层依次进行的，所以它比大多数形式的 3D 打印更快。

3. 连续液体界面制造

CLIP（Continuous Liquid Interface Production，连续液体界面制造）的核心是数字光合成技术。在该技术中，来自定制的高性能 LED 灯投射出一系列 UV 图像，暴露在 3D 打印部分的横截面上，使 UV 可固化树脂以精确控制的方式部分固化。氧气通过可透氧的窗口，在窗口和打印部分之间形成一个未固化树脂的薄液体界面，称为死区。死区只有 10μm 那么薄。在死区内部，氧气阻止离窗户最近的树脂的光固化，因此允许液体在打印部分下面连续流动。就在死区的上方，紫外光向上投射，造成一连串的固化。

10.2.4 粘结剂喷射

在粘结剂喷射（Binder Jetting）过程中，材料通过一个直径较小的喷嘴涂抹在平台上，类似于普通的喷墨纸张打印机的工作方式，但它是一层一层地应用于一个构建平台来制造一个 3D 物体，然后通过紫外线固化，如图 10-6 所示。

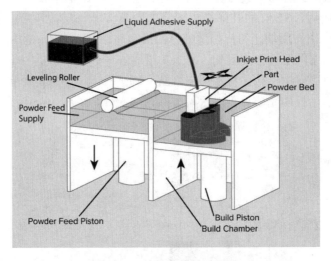

图 10-6　粘结剂喷射原理图

10.2.5 材料喷射

材料喷射（Material Jetting）使用两种材料：粉末基础材料和液体粘结剂。在打印室中，粉末均匀地涂抹每一层，并通过喷嘴将粉末颗粒"黏"成程序设计的三维物体的形状。成品通过粘合剂黏在一起，与黏合材料一起留在打印室中。打印完成后，剩余的粉末被清理干净，用于打印下一个物体，如图 10-7 所示。

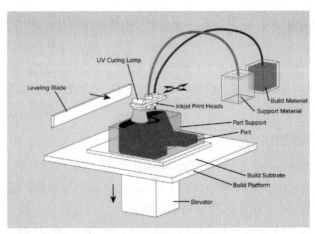

图 10-7　材料喷射原理图

10.2.6　薄板层压

薄板层压（Sheet Lamination）是指用外力把薄板黏合在一起。薄板可以是金属、纸张或聚合物的一种形式。用超声波一层层焊接在一起，再用数控铣削加工成合适的形状，如图 10-8 所示。

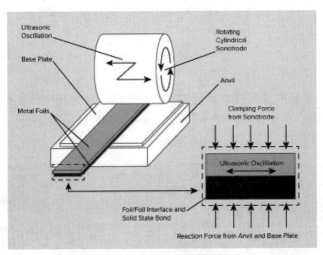

图 10-8　薄板层压原理图

10.2.7　定向能量沉积

定向能量沉积（Directed Energy Deposition）工艺主要应用于高科技金属工业和快速制造领域。3D 打印设备通常安装在多轴机械臂上，由一个在表面沉积金属粉末或金属丝的喷嘴和一个使其熔化的能量源（激光、电子束或等离子弧）组成，以此形成一个固体物体，如图 10-9 所示。

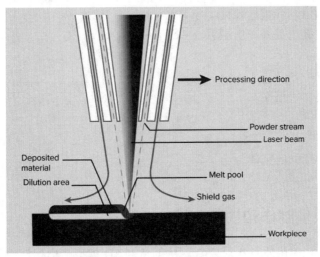

图 10-9　定向激光烧结原理图

10.3　3D 打印应用领域

3D 打印在早期只适用于原型和一次性制造，现在正迅速转变为一种生产技术。

目前，对 3D 打印的大部分需求是工业性质的。预计到 2026 年，全球 3D 打印市场的规模将达到 410 亿美元。

随着 3D 打印技术的发展，它注定会改变几乎每一个主要行业，改变我们未来的生活、工作和娱乐方式。

3D 打印包含了多种形式的技术和材料，因为你能想到的几乎所有行业都在使用 3D 打印。重要的是，要将它看作具有大量不同应用程序、不同行业的集合。

下面是几个应用的例子，如图 10-10 所示。

图 10-10　3D 打印应用例子

- 消费品（眼镜、鞋类、设计、家具）
- 工业产品（制造工具、原型）
- 牙科产品
- 假肢
- 建筑比例模型和模型
- 重建化石
- 复制古代文物
- 法医病理学证据的重建
- 电影道具

10.3.1　快速原型制作和快速制造

简而言之，3D 打印快速且相对便宜。从创意到 3D 模型，再到把原型拿在手里，只需几天而不是几周的时间。迭代开发更容易，成本更低，而且不需要昂贵的模具或工具。

除了快速成型，3D 打印也用于快速制造。快速制造是一种新的制造方法，企业使用 3D 打印机进行短期/小批量的定制制造。

10.3.2　汽车

汽车制造商已经使用 3D 打印技术很长时间了。汽车公司打印零部件、工具、夹具和治具。3D 打印使按需生产成为可能，这降低了库存，缩短了设计和生产周期。

10.3.3　航空

航空工业在许多不同的方面使用 3D 打印。下面的例子标志着 3D 打印制造的一个重要里程碑：通用电气使用 3D 打印技术打印了 30000 个用于 LEAP 飞机引擎的钴铬燃料喷嘴，并且在 2018 年 10 月就做到了。

大约 20 个以前需要焊接在一起的独立部件被整合成一个重量比原来轻 25%、强度是原来 5 倍的 3D 打印部件。由于 LEAP 发动机的高效率，使它成为航空领域最畅销的发动机。通过 3D 打印燃料喷嘴，为每架飞机节省了 300 万美元，仅这一个 3D 打印部件就产生了数亿美元的经济效益。

通用电气的燃料喷嘴也出现在波音 787 客机上。

其实，波音公司在他们的飞机上使用 3D 打印零件已经很长时间了。据估计，波音公司的飞机上目前有超过 2 万个 3D 打印部件。

10.3.4　建筑

打印建筑物有可能吗？是的。许多人相信 3D 打印将是建筑业的未来。现在已经可以打印墙壁、门、地板，甚至是完整的房子。

Behrokh Khoshnevis 是混凝土打印（也被称为轮廓工艺）的先驱，他开发了一种方法，在建筑中利用了增材制造的技术。轮廓工艺本质上使用一个机器人设备来自动地建造大型结构（如住所），该设备通过挤压混凝土逐层打印墙壁。

10.3.5　医疗

1. 医疗保健

如今，关于 3D 打印人体组织的新闻屡见不鲜。通常情况下，这些案例都是试验性的，这使得 3D 打印似乎仍然是医疗保健领域的边缘技术，但事实并非如此。在过去的 10 年里，超过 10 万个髋关节置换手术已经在 Arcam 机器上进行了 3D 打印。

另一种 3D 打印的医疗设备是助听器。在过去的 17 年里，由于 Materialise 公司和助听器制造商峰力公司的合作，几乎所有的助听器都是 3D 打印的。他们在 2001 年开发了快速外壳建模（RSM）技术。在 RSM 之前，制作一个助听器需要 9 个繁琐的步骤，包括手工雕刻和模具制作，结果往往是不合适的。利用 RSM 技术，技术人员使用硅胶对耳道进行印模，然后对印模进行 3D 扫描，稍做调整后，用 SLA 还原光聚合机对模型进行 3D 打印。

电子设备被添加进去，然后邮寄给用户。通过这个过程，每年有数十万个助听器被 3D 打印出来，每个助听器都是专门为用户定制的。RSM 在提供了一个更好的方法的同时，还降低了成本，减少了时间。

2. 牙科

一个非常类似于 RSM 的应用也在牙科行业占据了主导地位，像牙齿透明矫正器的模具可能是最接近 3D 打印的物体了。目前，该模具是以树脂和粉末为基础的 3D 打印处理过程，当然也有辅助的材料喷射。

牙冠和假牙已经是直接通过 3D 打印生产的产品了。EnvisionTec 是牙科技师中最受欢迎的 3D 打印机品牌，Stratasys 和 Carbon 公司的牙科树脂在牙科行业也很受欢迎。

3. 生物打印

早在 2000 年，生物技术公司和学术界就已经开始研究 3D 打印技术可能将其用于组织工程应用，即利用打印技术制造器官和身体部位。活细胞层沉积在凝胶介质上，慢慢地形成三维结构。我们一般用"生物打印"这个词来指代这一研究领域。

10.3.6 教育

教育工作者和学生长期以来一直在课堂上使用 3D 打印机。3D 打印使学生能够以一种快速和便宜的方式实现他们的想法。

Create Education 等项目使学校能够将增材制造技术集成到他们的课程中，基本上不需要成本。该项目向学校出借一台 3D 打印机，作为交换条件，学校可以提供一篇关于教师使用该打印机的经验的博客文章，也可以提供一份他们课堂教学计划的样本。

虽然专门从事增材制造的学位相对较新，但大学早就在其他学科中使用 3D 打印机了。有许多教育课程可以加入 3D 打印。大学开设与 3D 打印相关的课程，如 CAD、三维设计等，它们可以在一定阶段应用于 3D 打印。

在原型设计方面，许多大学项目正在转向 3D 打印机。通过建筑学或工业设计学位可以获得增材制造的专业学位，打印原型在艺术、动画和时尚研究中也很常见。

各种职业的研究实验室都在使用 3D 打印技术。虽然大多数研究仍在使用这种 3D 打印机制作模型，但医学和航空航天工程师正在利用 3D 打印技术来创造新技术。医学实验室正在生产各种生物打印机以及应用于假肢设计。同样，工程师们也正在将 3D 打印技术融入汽车和飞机的设计中。

10.3.7 消费产品

1. 鞋子

阿迪达斯的 4D 系列有一个完全 3D 打印的中底，并正在大量打印。2018 年，他们已经打印了 10 万件中底鞋。

2. 眼镜

预计到 2028 年，3D 打印眼镜的市场将达到 34 亿美元。3D 打印是一种特别适合眼镜架的生产方法，可以生产完全定制化的眼镜架。3D 打印技术的快速发展，已经可以提供高质量的定制眼科镜片，消除了过去的浪费和库存成本。

3. 食物

3D 打印在很久以前就进入了食品行业。像 Food Ink 和 Melisse 这样的餐厅把它作为一个独特的卖点来吸引来自世界各地的顾客。

4. 珠宝

有两种方法可以通过 3D 打印来制作珠宝：直接通过金属粉末床熔化技术打印或打印一个工具或模具来铸造最终产品。

10.4　3D 打印实现过程

10.4.1　3D 建模

1. 直接下载模型

现在网上有很多 3D 模型的网站，种类和数量都非常多，可以下载获得各种各样的 3D 模型，而且基本上都是可以用来直接进行 3D 打印的。

2. 通过 3D 扫描仪逆向工程建模

3D 扫描仪逆向工程建模就是通过扫描仪对实物进行扫描，得到三维数据，然后还原。它能够精确描述物体三维结构的一系列坐标数据，将这些数据输入 3D 软件即可完整地还原出物体的 3D 模型。

3. 用建模软件建模

目前市面上可以接触到的三维建模软件可以分为两大类。一类是参数化建模软件，一类是非参数化建模软件（也称之为艺术类建模软件）。这两类建模软件虽然都可以进行模型设计，但是在建模的方法和思路上还是有很大的区别的。一般情况下我们根据使用者的需求来进行软件的选择。

（1）参数化建模软件：主要应用于工业零部件、建筑模型等需要由尺寸作为基础的模型设计。由于参数化是由数据作为支撑的，数据与数据之间存在着相互的联系，改变一个尺寸就会对多个数据产生影响。所以参数化建模的最大优势在于可以通过对参数尺寸的改变来实现对模型整体的修改，从而实现快捷地对设计进行修改。这一点对于从事工业设计的使用者来说是有非常大的帮助的。

（2）艺术设计类建模软件：这种类型的建模软件使用起来就没有工业建模软件那么多的限制，与模型的大小和尺寸相比较，艺术建模更偏向于模型的外形设计。一般而言，建模主要通过对点、线、面尽心细微的勾勒从而实现对模型的修改。与工业建模软件相比较，艺术设计软件更适用于复杂工艺结构、复杂曲面结构，在应用方面也偏向于影视特效、游戏人物或场景建模等。

10.4.2　切片

由于 3D 打印是一种增材制造技术，需要将三维模型的数据分割为成百上千个水平层，每一个水平层上面都是每一个运动轴的运动数据。切片还需要分析模型是否有悬空的部分，如果有，则需要对悬空的部分添加支撑。在设置设计好打印的路径（填充密度、角度、外壳等）之后，就可以使用切片软件来自动完成切片了。切片完成之后将文件储存成.gcode格式，这是一种 3D 打印机能直接读取并使用的文件格式。然后，再通过 3D 打印机控制软件，把.gcode 文件发送给打印机并控制 3D 打印机的参数、运动使其完成打印。

一些 3D 打印机有内置切片功能，可以让你输入原始的 stl、obj 甚至 CAD 文件。

10.4.3　打印

启动 3D 打印机，通过数据线、SD 卡等方式把.gcode 文件传送给 3D 打印机。同时，装入 3D 打印材料，调试打印平台，设定打印参数，然后打印机开始工作。材料会一层一层地打印出来，层与层之间通过特殊的胶水进行黏合，并按照横截面将图案固定住，最后一层一层叠加起来，就像盖房子一样，砖块是一层一层的，但累积起来后，就成一个立体的房子。经过这样的分层打印、层层黏合、逐层堆砌，一个完整的物品就会呈现在我们眼前了。3D 打印机与传统打印机最大的区别在于它使用的"墨水"是实实在在的原材料。

10.4.4　后期处理

3D 打印机完成工作后，需要取出物体，做后期处理。比如，在打印一些悬空结构的时候，需要有个支撑结构顶起来，然后才可以打印悬空上面的部分。所以，对于这部分多余的支撑需要去掉。

有时候 3D 打印出来的物品表面会比较粗糙（例如 SLS 金属打印的物品），需要抛光。抛光的办法有物理抛光和化学抛光，通常使用的是砂纸打磨（Sanding）、珠光处理（Bead Blasting）和蒸汽平滑（Vapor Smoothing）这三种技术。

另外，除了 3DP 的打印技术可以做到彩色 3D 打印之外，其他的一般只可以打印单种颜色。有的时候需要对打印出来的物件进行上色，例如 ABS 塑料、光敏树脂、尼龙、金属等，不同材料需要使用不一样的颜料。

还有，3D 打印粉末材料完成之后，需要其他一些后续处理措施来达到加强模具成型强度及延长保存时间的目的，其中主要包括静置、强制固化、去粉、包覆等。打印过程结束之后，需要将打印的模具静置一段时间，使得成型的粉末和粘结剂之间通过交联反应、分子间作用力等作用固化完全，尤其对于以石膏或者水泥为主要成分的粉末更加需要。

成型的首要条件是粉末与水之间作用硬化，之后才是粘结剂部分的加强作用，一定时间的静置对最后的成形效果有重要影响。当模具具有初步硬度时，可根据不同类别用外加措施进一步强化作用力，例如通过加热、真空干燥、紫外光照射等方式。此工序完成之后，所制备的模具具备较强硬度，此时需要将表面其他粉末除去，可用刷子将周围大部分粉末扫去，剩余较少粉末可通过机械振动、微波振动、不同方向风吹等方法除去。

对于去粉完毕的模具，特别是石膏基、陶瓷基等易吸水材料制成的模具，还需要考虑其长久保存问题。常见的方法是在模具外面刷一层防水固化胶，增加其强度，防止因吸水而减弱。或者将模具浸入能起保护作用的聚合物中，比如环氧树脂、氰基丙烯酸酯、熔融石蜡等，经过这样处理后的模具可兼具防水、坚固、美观、不易变形等特点。

10.5　3D 打印实操案例

10.5.1　SolidWorks 设计软件基本操作

设计三维数字模型，要使用建模软件，如 3ds Max、Maya 和 SolidWorks 等。下面以 SolidWorks 设计螺母为例简要说明设计过程。

具体操作步骤如下。

第一步： 单击"File"菜单，在弹出的菜单中选择"New"（新建）→"Part"（零件）命令，然后单击"OK"按钮，如图 10-11 所示。

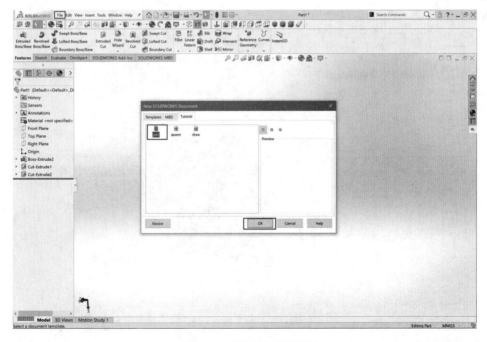

图 10-11　新建文件界面

第二步： 用鼠标左键单击"Top Plane"（顶视图），同时在弹出新的菜单中选择"Sketch"（草图）命令，此时我们可以看到 Top Plane 居中显示，如图 10-12 所示。

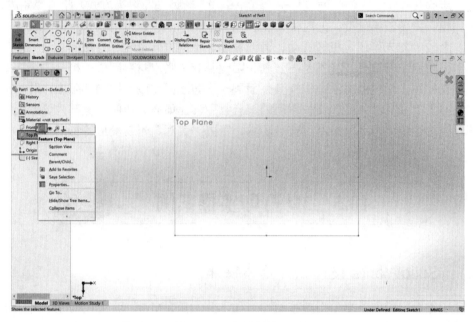

图 10-12　草图绘制界面

第三步： 选择"Sketch"（草图）选项卡，选中六边形，接着把鼠标移动到"Top Plane"中心的直角坐标，在鼠标移动到中心的时候，单击绘制的六边形，绘制完成后，单击"Smart Dimension"（智能尺寸），依次单击六边形的两个平行边，设置两个平行边的距离为 7mm。如图 10-13 所示。

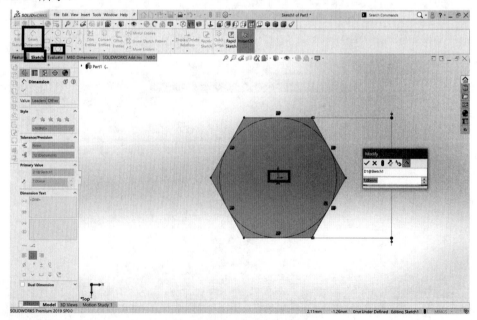

图 10-13　六边形绘制界面

第四步： 选择"Features"（特征）选项卡，在选项卡中选择"Extruded Boss/Base"（凸台体），我们设置挤出的高度为 2.9mm，方向选择居中，方便对镜像进行操作，最后选中绿色复选框，如图 10-14 所示。

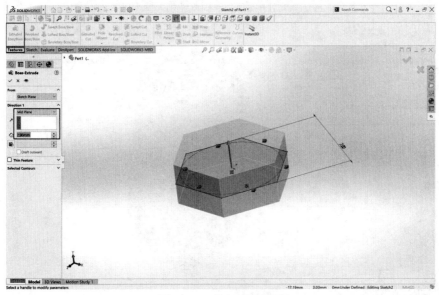

图 10-14　特征设置界面

第五步： 在左栏中用鼠标右键单击"Top Plane"，在新展开的菜单栏中选择"Normal To"（正视于）命令，这样我们就能够看到图形的俯视图了。把鼠标移动到六边形的中间，单击鼠标右键，在新展开的菜单栏中选择"Edit Sketch"（编辑草图）命令，以便让我们能够在此面上绘制草图。在草图栏中选择圆，在六边形中心绘制小圆。选择"Smart Dimension"（智能尺寸），设置圆的直径为 4mm，选中绿色复选框，如图 10-15 所示。

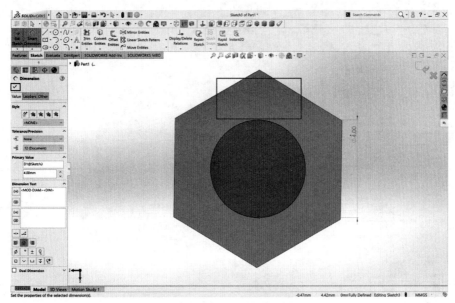

图 10-15　圆形绘制界面

第六步： 选择"Features"选项卡中的"Blind"命令，用来把中心切割掉。在"Direction1"列表框中选择"Blind"（贯穿），如图10-16所示。

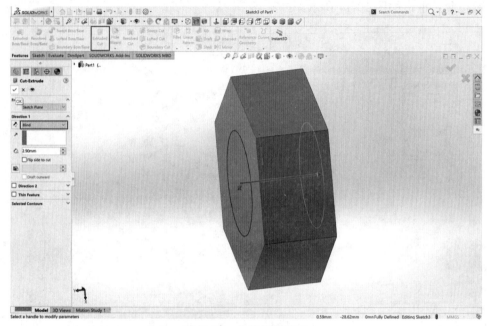

图10-16　拉伸切割界面

第七步： 在顶部的菜单栏中，选择"Insert"（插入）→"Annotation"（注释）→"Cosmetic Thread"（装饰螺纹）命令，然后单击中心的圆，用来把螺纹装饰到中心圆中，如图10-17所示。

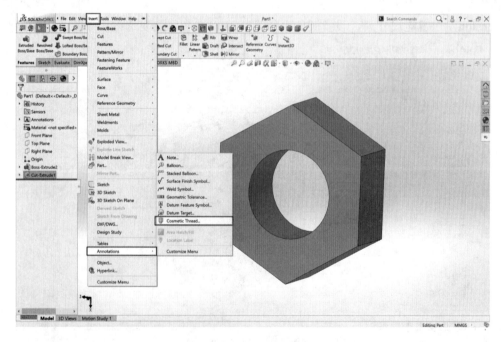

图10-17　装饰螺纹选择界面

第八步：若经过第七步的操作后看不到螺纹装饰，可选择左边栏中的"Annotation"（注释）→"Detail"（详细）命令，在新展开的菜单栏中选中"Shaded Cosmetic Thread"（着色装饰螺纹）复选框，最后单击"OK"按钮，如图 10-18 所示。

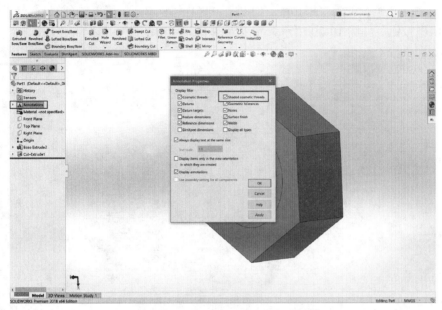

图 10-18　装饰螺纹设置界面

第九步：与第五步的操作类似。首先选择小圆所在的面，在该面绘制一个与大于小圆直径的同心圆，用智能尺寸功能设置直径为 6.3mm。在"Features"选项卡中选择切割凸台体，在切割凸台体的属性栏中选中"Flip side to cut"（反向切割）复选框，设置角度为 70°。最后单击"OK"按钮，如图 10-19 所示。

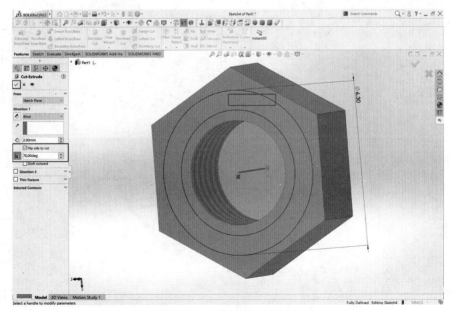

图 10-19　绘制同心圆界面

第十步：在"Features"选项卡中选择"Mirror"（镜像）命令，此操作需要我们设置两个参数，镜像的面和镜像的特征。在镜像功能的属性栏中，设置"Mirror Face/Plane"（镜面/平面）为"Top Plane"（顶视图所见面），在 Part1（部分 1）的展开栏中找到并设置"Feature to Mirror"（镜像特征）为"Extruded Cut2"（挤出切割 2），可以看到 Preview（预览），单击"OK"按钮，如图 10-20 所示。完成界面如 10-21 所示。

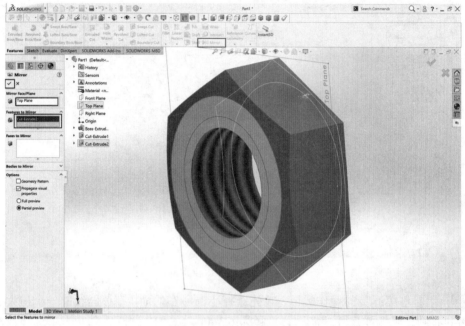

图 10-20　设计预览界面

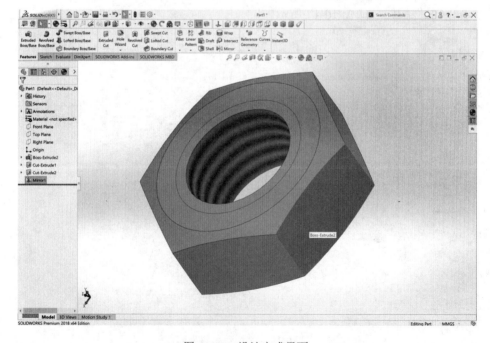

图 10-21　设计完成界面

10.5.2　3D 打印切片及控制系统基本操作

目前，3D 打印产业处于高速发展期，由于 3D 打印材料及打印技术的不同，造成了目前市场上 3D 打印机种类和型号繁多，切片和打印控制软件接口各异的状况。下面以弘瑞 3D 打印机为例介绍切片及控制系统的基本操作。

1.　"切片及打印"工具栏

"切片及打印"工具栏中包含下列功能，如图 10-22 所示。

图 10-22　"切片及打印"工具栏

- 加载模型：可以同时加载多个 STL 模型文件。
- 导入 Gcode：适用于观察没有 STL 文件的模型，可以逐层预览已经切片的模型，利用此项功能可以辅助手动接料进而续打因意外造成的打印终止的模型。
- 分层切片：弘瑞 3D 打印工程师自主研发的切片算法，对模型进行高速切片，生成可以被 3D 打印机识别的.gcode 格式切片数据和预览数据。
- 导出切片数据：将分层切片数据保存为.gcode 格式的文件。
- 打印管理：全新设计的打印管理界面，将模型的切片操作和打印操作完全分离，实现功能独立化，给用户带来更加人性化、更富独立感、更有层次感的操作体验。切片后的数据会自动加入到左侧的切片列表中，用户可以将切片时间较耗时的模型提前切片，日后随时在"打印管理"中调用。同时还提供打印队列功能，用户可以将需要打印的已经切片的模型加入到右侧的打印列表中，3D 打印机会按照从上到下的顺序进行打印。界面下方是数据监控区，实时显示打印头和打印平台的目标温度、实际温度、平均温度及打印功率百分比。适用于联机执行 3D 打印任务。

在"打印管理"界面中，顶部的菜单按钮从左到右依次是"连接打印机""数据监控设置（显示温度、时间轴长度、刷新时间）""开始/暂停打印""停止打印""保存任务（保存后可以关机，日后继续打印）""预览切片数据（将选中的切片数据加载到切片预览区进行分层预览）""导出切片数据（将选中的切片数据发送到 SD 卡）""删除（选中的切片数据）""手动控制（移动打印头、安装、卸载打印耗材）""预加温（打印头和打印平台）""打印机复位"，如图 10-23 所示。

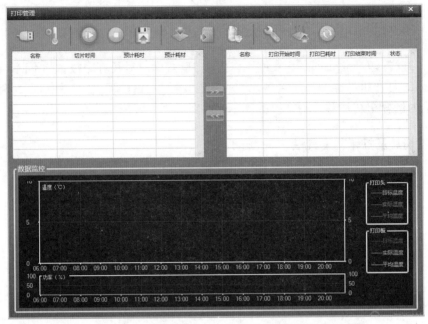

图 10-23　打印管理界面（左：切片列表，右：打印列表）

2.　"设置"工具栏

"设置"工具栏如图 10-24 所示。

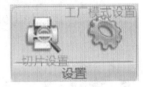

- 切片设置：分为基础设置、高级设置、手动支撑设置、照片打印设置和回抽设置 5 个配置区域。完全让用户自由设置模型的参数，最常用的是打印质量、支撑等参数的设置，如图 10-25 所示。

图 10-24　"设置"工具栏

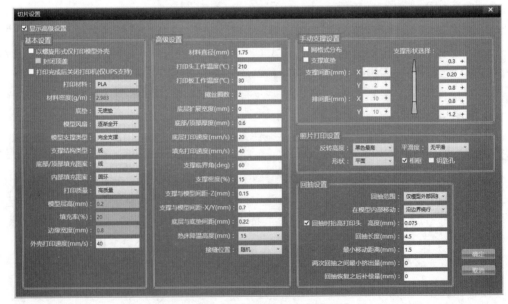

图 10-25　切片设置的 5 个配置区域

　　将模型进行切片后，会显示出模型的切片预览效果，分层效果图用不同的颜色分别表示模型的支撑、外壳、内壳、填充图案。同时系统会自动计算出模型的预计耗时和预计耗材量，如图 10-26 所示。

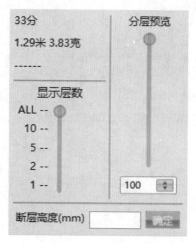

图 10-26　分层预览

　　这里以 20mm 正方形为例做进一步的讲解。

　　模型是一个实心的物体，内部需要进行填充，使得模型更加结实。弘瑞切片软件目前提供网格和圆环两种图案。

　　（1）网格：横竖交叉线，与模型的斜边构成三角形，密集构造提升模型内部稳定性，如图 10-27 所示。

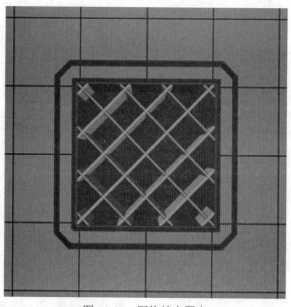

图 10-27　网格填充图案

　　（2）圆环：相切圆，环状形利于抗压，近似三角形的稳定结构，如图 10-28 所示。

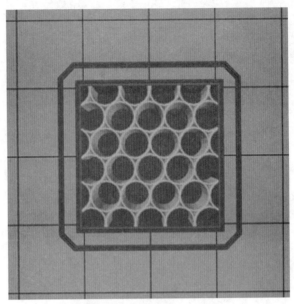

图 10-28　圆环填充图案

另外，填充还涉及填充率的概念，即模型内部的填充度，用百分比表示，填充越多强度越高。填充率最大为 100%，即实心，此时模型密度最大，使用的耗材最多。填充率最小为 0%，即空心。

填充率设置是依次递增的：0%、5%、20%、50%、80%、100%，如图 10-29 所示。

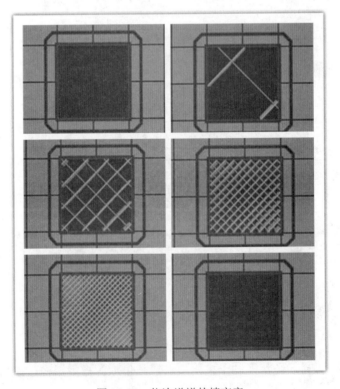

图 10-29　依次递增的填充率

- 工厂模式设置：分为"G-Code 编辑"和"打印机设置"两个配置区域，允许用户手动编辑、导入、导出.gcode 格式文件，并向打印机手动发送指令。同时，可以配置打印机的传输协议、可打印区域尺寸、打印机坐标偏移量、步进数等与 3D 打印机硬件相关的设置。最重要的是可以选择其他打印机品牌，弘瑞 3D 打印切片软件兼容目前市面 90%以上的机型，如图 10-30 所示。

图 10-30　两个配置区域

3. 分割模型

模型的分割包括如下几种。

（1）自动分割模型：按照模型内部封闭结构，自动将模型切割成多个独立部分，实现模型某一部分单独打印（如图 10-31 所示）。切割后的每一部分可以移除、复制、独立打印，此项功能适用于只打印模型的某一部分。需要注明的是，自动分割模型功能只适用于每个部分都是单独建模的模型文件。

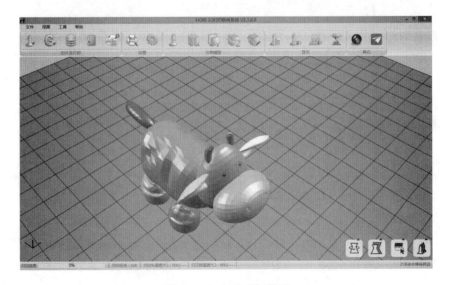

图 10-31　自动分割模型

（2）X 轴切割：沿 X 轴方向移动 YZ 平面刀片进行切割，如图 10-32 所示。

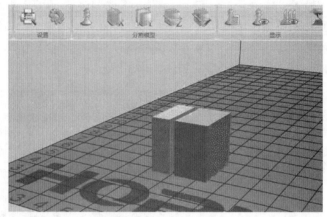

图 10-32　X 轴切割

（3）Y 轴切割：沿 Y 轴方向移动 XZ 平面刀片进行切割，如图 10-33 所示。

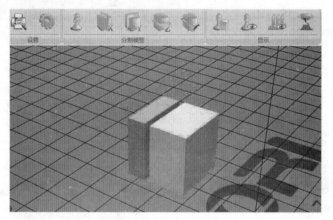

图 10-33　Y 轴切割

（4）Z 轴切割：沿 Z 轴方向移动 XY 平面刀片进行切割，如图 10-34 所示。

图 10-34　Z 轴切割

（5）自由切割：沿自由平面刀片进行切割，由用户手动画一条线作为自由平面刀片对模型进行切割，如图 10-35 所示。

图 10-35　自由切割

4. 模型预览显示

模型预览显示功能如图 10-36 所示。

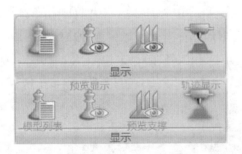

上：关闭状态　下：打开状态

图 10-36　模型预览显示功能

- 模型列表：显示已经打开的出现在虚拟打印平台上的模型。该界面顶部从左至右分别是"另存为""添加""移除""复制""自动放置模型""模型居中""置于平面""模型信息""清空全部模型""等比例视图""正视图""俯视图"等功能，如图 10-37 所示。单击其中的模型信息，可以查看该模型的点、线、面等详细信息，如图 10-38 所示。

图 10-37　模型列表

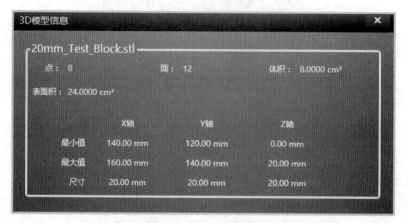

图 10-38　3D 模型信息（以 20mm 正方体为例）

- 预览显示：显示模型的切片仿真效果，观察模型的分层预览，如图 10-39 所示。

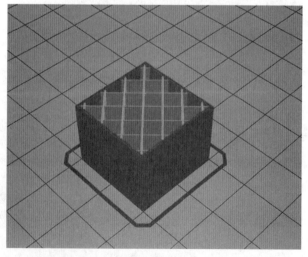

图 10-39　分层预览图（以 20mm 正方体为例）

- 预览支撑：显示模型的所有支撑。
- 轨迹显示：显示打印头的移动轨迹。

5. 模型控制功能

模型控制功能如图 10-40 所示。

图 10-40 模型控制功能

- 旋转：沿 X 轴、Y 轴、Z 轴旋转模型。这里有两种旋转方式，一种是在左侧直接输入角度数值，另一种是单击右侧按钮操作：从左至右是逆时针旋转 15°、顺时针旋转 15°、以模型的旋转轴为中心手动旋转。具体操作方法是单击对应的 X、Y、Z 旋转轴按钮，按住 Ctrl 键加鼠标左键，即可任意旋转模型，如图 10-41 所示。

图 10-41 蓝色图标代表激活状态

- 缩放：更改模型尺寸，支持等比缩放和复位。当等比缩放锁定时，缩放 Y 轴、Z 轴两栏为灰色，处于不可选状态，仅能通过缩放 X 轴进行等比例放大或缩小模型；当等比缩放未锁时，允许用户单独放大或缩小模型的任意一个轴，如图 10-42 所示。

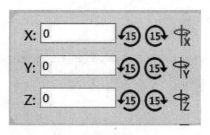

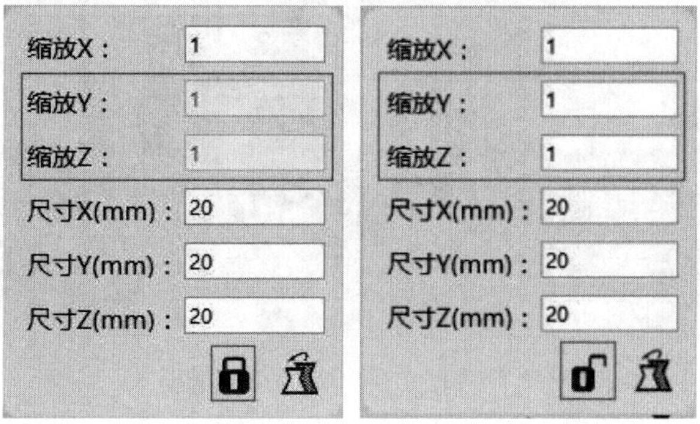

左：锁定状态　　　右：未锁定状态

（以 20mm 正方体为例）

图 10-42 缩放操作

- 翻转模型/面：旋转模型至选中平面与打印平台接触，如图 10-43 所示。
- 手动支撑：允许用户自行为模型添加更多支撑，需根据模型形状酌情处理，如图 10-44 和图 10-45 所示。

图 10-43　翻转模型操作

图 10-44　模型支撑结构

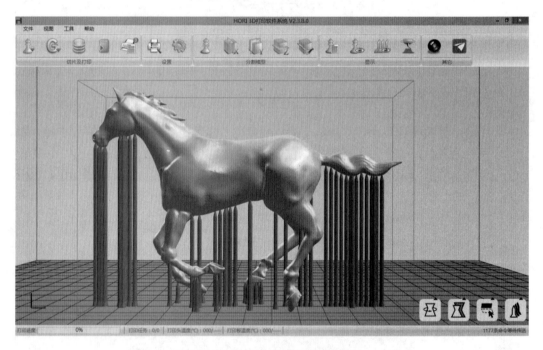

图 10-45　手动添加支撑效果图

全自动支撑是在切片时，由切片程序自动为模型添加支撑，支撑结构的类型丰富多样，包括网格、线、面、树状和柱形 5 种，如图 10-46～图 10-50 所示。建议用户根据模型或需求选择不同类型的支撑结构。

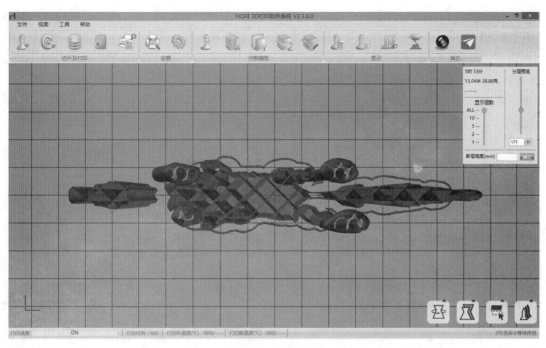

图 10-46　网格支撑

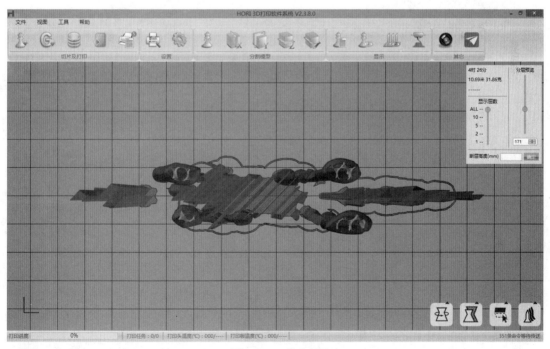

图 10-47　线支撑

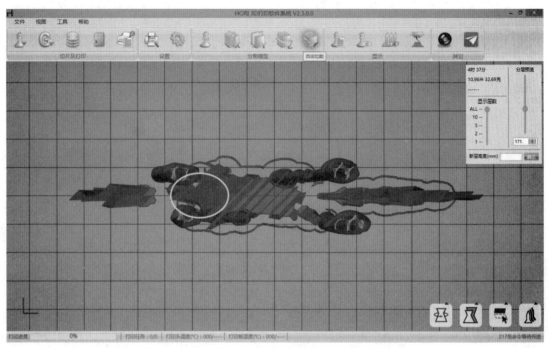

图 10-48　面支撑（注意黄色圆环部分：线面结合）

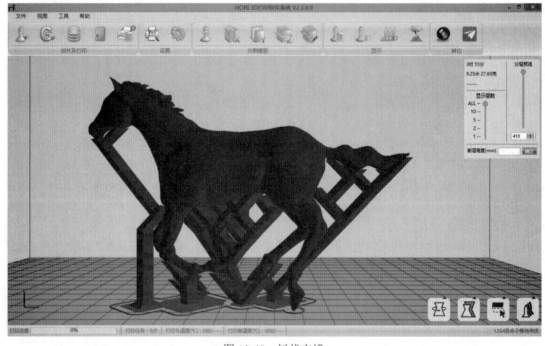

图 10-49　树状支撑

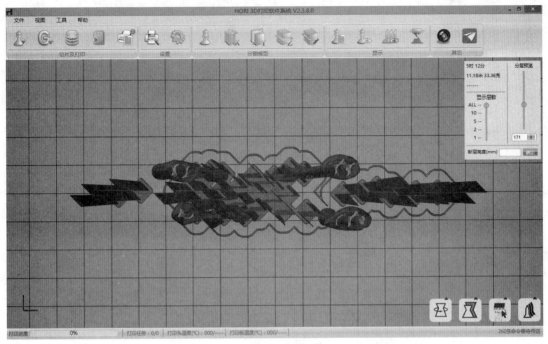

图 10-50　柱形支撑

手动支撑是在切片前，由用户手动为模型添加支撑，单击手动支撑中的"新增单个支撑"按钮，并在模型上需要添加支撑的位置，然后单击鼠标即可添加支撑，如图 10-51 所示。

图 10-51　蓝色图标代表激活状态

思 考 题

1．3D 打印的原理是什么？

2．目前 3D 打印的主流技术是什么？

3．3D 打印的实现过程分为哪几个步骤？请简要介绍每个步骤的主要工作。

4．使用 SolidWorks 设计螺丝的三维模型。

第 11 章

智能计算技术

11.1 BP 神经网络

11.1.1 BP 神经网络概述

BP（Back Propagation）网络是一种前馈神经网络，其算法由 Rumelhart 和 McCelland 于 1986 年提出，是目前应用最广泛的神经网络模型之一。

BP 神经网络模型拓扑结构包括输入层、隐含层和输出层，隐含层可以是一个或多个。每层有若干个单神经元，称为节点，层与层之间有连接通路，每个通路对应一个连接权系数。作为一种前馈神经网络，BP 神经网络只有前后相邻两层之间的神经元有连接，同层神经元无连接，各层神经元之间没有反馈，信息单向流动。每个神经元可以从前一层接收多个信息输入，并只有一个输出给下一层的各神经元。其信息从输入层依次向前传递，直到输出层。一个三层神经网络的拓扑结构如图 11-1 所示。

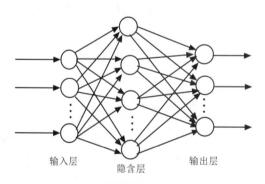

输入层　　　　隐含层　　　　输出层

图 11-1　BP 神经网络的拓扑结构示意图

BP 神经网络中，输入层的各节点输入与输出是一样的，故有人并不把输入层作为一层。隐含层和输出层的节点具有常规的单神经元的输入/输出特性，如式（11-1）所示。

$$s_h = \sum_{i=1}^{I} w_{hi} x_i - \theta_h = W_h X - \theta_h \qquad (11-1)$$

$$y_h = f(s_h) \qquad (11-2)$$

其中　θ_h ——阈值；

　　　x_i ——第 i 个输入；

　　　w_{hi} ——加权系数；

　　　y_h ——第 h 个节点输出；

　　　$f(\cdot)$ ——节点传递函数或激活函数。

可将阈值 θ_h 作为输入为-1 的权重。

单神经元模型如图 11-2 所示，它模仿了生物神经元所具有的三个最基本也是最重要的功能：加权、求和与转移。

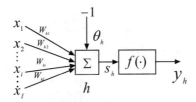

图 11-2　单神经元模型示意图

激活函数可以是阶跃函数、线性函数、符号函数等。BP 网络中常用的是 S 型函数，一种常见的 S 型函数如式（11-3）所示。

$$f(s) = \frac{1}{1+e^{-s}} \qquad (11-3)$$

该函数的导数为：

$$f'(s) = f(s)[1-f(s)] \qquad (11-4)$$

11.1.2　BP 神经网络的学习

一个神经网络仅仅具有拓扑结构，还不具备智能性，必须有一套学习、训练规则与之配合。学习算法是神经网络的主要特征，也是当前研究的主要课题。如果一个神经网络的结构确定以后，要想使它具有生物的自调节能力，常见的办法就是调节神经网络的加权系数（包括阈值），神经网络的学习过程就是修改加权系数的过程，最终使其输入得到期望输出。

BP 算法包含正向传播和反向传播两个过程。正向传播时，传播方向为输入层→隐含层→输出层，每层神经元的状态只影响下一层神经元。若在输出层得不到期望的输出，则转向误差信号的反向传播流程。通过采用误差函数梯度下降策略，使网络误差函数达到期望值。

1. 正向传播

设 BP 网络的输入层有 I 个节点，隐含层有 H 个节点，输出层有 K 个节点，分别用 i，h，k 表示编号，输入层与隐含层之间的权值为 w_{hi}，隐含层与输出层之间的权值为 u_{kh}。用 p 表示样本编号，$p=1, 2, \cdots, N$。则隐含层第 h 个节点的输入为

$$net_h^p = \sum_{i=1}^{I} w_{hi}x_i^p - \theta_h \tag{11-5}$$

x_i^p 表示输入层节点 h 在样本 p 作用下的输出（也是输入）。

隐含层各节点在样本 p 下的输出可用矩阵形式计算，即

$$NET^p = WX^p - \theta \tag{11-6}$$

隐含层第 h 个神经元的输出为

$$y_h^p = f(net_h^p) \tag{11-7}$$

$f(\,)$ 为隐含层各节点的激活函数。输出层第 k 个神经元的输入为

$$net'^p_k = \sum_{h=1}^{H} u_{kh}y_h^p - \theta'_k \tag{11-8}$$

输出层第 k 个神经元的输出为

$$o_k^p = g(net'^p_k) \tag{11-9}$$

$g()$ 为输出层各节点的激活函数。

2. 反向传播

采用如下二次型误差函数

$$J_p = \frac{1}{2}\sum_{k=1}^{K}(t_k^p - o_k^p)^2 \tag{11-10}$$

t_k^p 为样本 p 的期望输出。

对于全部 N 个样本，总误差为：

$$J = \frac{1}{2}\sum_{p=1}^{N}\sum_{k=1}^{K}(t_k^p - o_k^p)^2 \tag{11-11}$$

按使误差 J_p 最小的原则调整权重和阈值，称为在线学习，每个样本学习完后就根据偏差调整一次权重和阈值，下一个样本采用的是上一个样本调整后的权重和阈值。按使误差 J 最小的原则调整权重和阈值，称为离线学习或批处理学习，所有样本学习后才调整权重

和阈值，在权重和阈值调整前，所有样本的权重和阈值是一样的，所有样本学习后根据所有样本的积累偏差调整权重和阈值。下面以在线学习为例介绍学习算法的推导过程。

（1）调整隐含层与输出层之间的权重 U。

根据梯度法，权重的增量为误差函数的负梯度方向。

$$\Delta u_{kh} = -\eta \frac{\partial J_p}{\partial u_{kh}} = -\eta \frac{\partial J_p}{\partial net'^p_k} \frac{\partial net'^p_k}{\partial u_{kh}} = -\eta \frac{\partial J_p}{\partial net'^p_k} y^p_h \tag{11-12}$$

$\eta > 0$，为学习速率。

定义：

$$\delta^p_k = -\frac{\partial J_p}{\partial net'^p_k} = -\frac{\partial J_p}{\partial o^p_k} \frac{\partial o^p_k}{\partial net'^p_k} = (t^p_k - o^p_k)g'(net'^p_k) \tag{11-13}$$

如果激活函数 g() 取为式（11-3）的 S 型函数，则可知

$$g'(net'^p_k) = g(net'^p_k)[1 - g(net'^p_k)] = o^p_k(1 - o^p_k) \tag{11-14}$$

则式（11-13）可表示为：

$$\delta^p_k = (t^p_k - o^p_k)o^p_k(1 - o^p_k) \tag{11-15}$$

权重增量表示为：

$$\Delta u_{kh} = \eta \delta^p_k y^p_h = \eta(t^p_k - o^p_k)o^p_k(1 - o^p_k)y^p_h \tag{11-16}$$

（2）调整隐含层与输入层之间的权重 W。

$$\Delta w_{hi} = -\eta \frac{\partial J_p}{\partial w_{hi}} = -\eta \frac{\partial J_p}{\partial net^p_h} \frac{\partial net^p_h}{\partial w_{hi}} = -\eta \frac{\partial J_p}{\partial net^p_h} x^p_i = \eta \Delta^p_h x^p_i \tag{11-17}$$

$$\Delta^p_h = -\frac{\partial J_p}{\partial net^p_h} = -\frac{\partial J_p}{\partial y^p_h} \frac{\partial y^p_h}{\partial net^p_h} = -\frac{\partial J_p}{\partial y^p_h} f'(net^p_h) \tag{11-18}$$

由于隐含层一个节点的输出的改变会影响与该节点所有相连的输出节点的输入，则

$$-\frac{\partial J_p}{\partial y^p_h} = -\sum_{k=1}^{K}\left(\frac{\partial J_p}{\partial net'^p_k} \frac{\partial net'^p_k}{\partial y^p_h}\right) = \sum_{k=1}^{K}\left(-\frac{\partial J_p}{\partial net'^p_k} u_{kh}\right) = \sum_{k=1}^{K}(\delta^p_k u_{kh}) \tag{11-19}$$

如果激活函数 f( ) 取为式（11-3）的 S 型函数，则可知

$$f'(net^p_h) = f(net^p_h)[1 - f(net^p_h)] = y^p_h(1 - y^p_h) \tag{11-20}$$

则式（11-17）可表示为：

$$\Delta w_{hi} = \eta \Delta_h^p x_i^p = \eta y_h^p (1 - y_h^p) x_i^p \sum_{k=1}^{K} (\delta_k^p u_{kh}) \qquad (11\text{-}21)$$

由此可写出在样本 p 作用下的权重调整公式

$$u_{kh}(j+1) = u_{kh}(j) + \eta \delta_k^p y_h^p \qquad (11\text{-}22)$$

$$w_{hi}(j+1) = w_{hi}(j) + \eta \Delta_h^p x_i^p \qquad (11\text{-}23)$$

如果采用批量学习法，则权重调整公式为：

$$u_{kh}(j+1) = u_{kh}(j) + \eta \sum_{p=1}^{N} \delta_k^p y_h^p \qquad (11\text{-}24)$$

$$w_{hi}(j+1) = w_{hi}(j) + \eta \sum_{p=1}^{N} \Delta_h^p x_i^p \qquad (11\text{-}25)$$

为了加快收敛速度，可以增加惯性项，引入惯性项的权重调整公式为：

$$u_{kh}(j+1) = u_{kh}(j) + \eta \delta_k^p y_h^p + \alpha [u_{kh}(j) - u_{kh}(j-1)] \qquad (11\text{-}26)$$

$$w_{hi}(j+1) = w_{hi}(j) + \eta \Delta_h^p x_i^p + \alpha [w_{hi}(j) - w_{hi}(j-1)] \qquad (11\text{-}27)$$

α 为惯性系数，$0 < \alpha < 1$。

由于阈值可视作输入-1 的加权系数，所以阈值的调整可参照相应的权重调整公式得出，将公式中的输入用-1 代替即可。如参照式（11-22）和（11-23）可得对应的阈值在线学习式（11-28）和式（11-29），其他方式的学习公式可以此类推。

$$\theta_k'(j+1) = \theta_k'(j) - \eta \delta_k^p \qquad (11\text{-}28)$$

$$\theta_h(j+1) = \theta_h(j) - \eta \Delta_h^p \qquad (11\text{-}29)$$

3. BP 算法实现流程

BP 算法实现流程如下：

（1）给定训练数据集，即提供输入向量 X 和期望输出 T；

（2）确定网络结构，初始化网络参数，对所有权值赋一任意小的随机数；

（3）根据式（11-5）～（11-9）计算网络输出；

（4）根据式（11-11）计算误差函数；

（5）采用式（11-22）～（11-29）的有关公式调整权重和阈值；

（6）返回步骤（3），直到满足误差要求。

11.1.3　BP 神经网络举例

例 11.1.1：训练一个三层 BP 神经网络，满足下列输入/输出关系：

输入		输出
1	0	1
0	1	0

隐含层和输出层激活函数均采用 Sigmoid 型函数：

$$f(x) = \frac{1}{1+e^{-x}}$$

解：由题意可知，共有两个样本，每个样本有两个分量，一个输出。故此可确定输入层节点数为 2（分量数），输出层节点数为 1，为了简便，这里取隐含层结点数为 3，故此网络的结构为 2-3-1。

权重调整采用带惯性项的梯度法，批处理学习。输入层与隐含层之间的权重为 W，3 行 2 列；隐含层与输出层之间的权重为 U，1 行 3 列。设隐含层和输出层阈值都为 0。

（1）初始化。输入层节点数 I=2，隐含层节点数 H=3，输出层节点数 K=1。期望误差为 0.001，学习速率 η=0.6，惯性系数 α=0.9。在[-1 1]区间内随机初始化权重，本例设初始权重为：

$$W = \begin{bmatrix} 0.1652 & -0.0270 \\ 0.3866 & -0.3145 \\ 0.7130 & -0.1627 \end{bmatrix}$$

$$U = \begin{bmatrix} -0.7626 & 0.0371 & 0.9432 \end{bmatrix}$$

设上次权重 W_0 和 U_0 的初始值均为 0。

（2）计算隐含层节点的输出。

输入层节点的输入和输出相同，故此不再描述。根据式（11-5）计算隐含层第 h 个节点的输入。

$$net_h^p = \sum_{i=1}^{2} w_{hi} x_i^p$$

x_i 为样本 X 的第 i 个分量，p=1,2 为样本编号。当第一个样本 X^1 输入时（p=1），第一个隐含层节点的加权输入为（h=1）：

$$net_1^1 = \sum_{i=1}^{2} w_{1i} x_i^1 = 0.1652 \times 1 + (-0.0270 \times 0) = 0.1652$$

同理可得

$$net_2^1 = 0.3866 \qquad net_3^1 = 0.7130$$

如果用矩阵形式计算，可得

$$NET^1 = WX^1 = \begin{bmatrix} 0.1652 & -0.0270 \\ 0.3866 & -0.3145 \\ 0.7130 & -0.1627 \end{bmatrix} \cdot \begin{bmatrix} 1 \\ 0 \end{bmatrix} = \begin{bmatrix} 0.1652 \\ 0.3866 \\ 0.7130 \end{bmatrix}$$

同理可得第二个样本 X^2 输入时各隐含层的加权输入 NET^2：

$$NET^2 = WX^2 = \begin{bmatrix} 0.1652 & -0.0270 \\ 0.3866 & -0.3145 \\ 0.7130 & -0.1627 \end{bmatrix} \cdot \begin{bmatrix} 0 \\ 1 \end{bmatrix} = \begin{bmatrix} -0.0270 \\ -0.3145 \\ -0.1627 \end{bmatrix}$$

则第一个样本输入时隐含层的输出为：

$$Y^1 = f(NET^1) = \frac{1}{1+e^{NET^1}} = \begin{bmatrix} 0.5412 \\ 0.5955 \\ 0.6711 \end{bmatrix}$$

第二个样本输入时隐含层的输出为：

$$Y^2 = f(NET^2) = \begin{bmatrix} 0.4933 \\ 0.4220 \\ 0.4594 \end{bmatrix}$$

（3）计算输出层节点的输出。

参照第（2）步隐含层输出的计算，两个样本输入时输出层节点的加权输入为（矩阵形式计算）：

$$NET' = U \cdot Y = U \cdot [Y^1 \quad Y^2] = [-0.7626 \quad 0.0371 \quad 0.9432] \cdot \begin{bmatrix} 0.5412 & 0.4933 \\ 0.5955 & 0.4220 \\ 0.6711 & 0.4594 \end{bmatrix} = [0.2423 \quad 0.0728]$$

输出层的输出为（两个样本的输出）：

$$O = f(NET') = [0.5603 \quad 0.5182]$$

（4）计算二次型误差函数，判断终止条件。

$$J = \frac{1}{2}\sum_{p=1}^{2}\sum_{k=1}^{1}(t_k^p - o_k^p)^2 = \frac{1}{2}[(1-0.5603)^2 + (0-0.5182)^2] = 0.2309$$

k 为输出层节点编号。本次迭代 $J=0.2309>0.001$，故此继续计算

（5）根据式（11-26）调整隐含层与输出层之间的权重。

$$\delta_k^1 = (t_k^1 - o_k^1)o_k^1(1 - o_k^1) = (1 - 0.5603) \cdot 0.5603 \cdot (1 - 0.5603) = 0.1083$$

$$\delta_k^2 = (t_k^2 - o_k^2)o_k^2(1 - o_k^2) = (0 - 0.5182) \cdot 0.5182 \cdot (1 - 0.5182) = -0.1294$$

其中 $k=1$，则第一个隐含层节点与输出层节点之间的权重为：

$$u_{11}(j+1) = u_{11}(j) + \eta\sum_{p=1}^{2}\delta_1^p y_1^p + \alpha[u_{11}(j) - u_{11}(j-1)]$$

$$= -0.7626 + 0.6 \cdot (0.1083 \times 0.5412 - 0.1294 \times 0.4933) + 0.9(-0.7626 - 0) = -1.4521$$

j 为迭代次数。同理可计算出其他两个权重，最后得到更新后的权重为：

$$U = \begin{bmatrix} -1.4521 & 0.0764 & 1.8000 \end{bmatrix}$$

（6）根据式（11-27）调整输入层与隐含层之间的权重。

当 $h=1$，$p=1$ 时

$$\Delta_1^1 = y_1^1(1 - y_1^1)(\sum_{k=1}^{1}\delta_k^1 u_{k1}) = 0.5412 \cdot (1 - 0.5412)[0.1083 \times (-1.4521)] = -0.0391$$

同理可计算出其他情形，用矩阵形式表示为

$$\Delta = \begin{bmatrix} -0.0391 & 0.0470 \\ 0.0020 & -0.0024 \\ 0.0430 & -0.0578 \end{bmatrix}$$

则第一个输入层节点（$i=1$）与第一个隐含层节点（$h=1$）之间的权重为

$$w_{11}(j+1) = w_{11}(j) + \eta\sum_{p=1}^{2}\Delta_1^p x_1^p + \alpha[w_{11}(j) - w_{11}(j-1)]$$

$$= 0.1652 + 0.6 \cdot (-0.0391 \times 1 - 0.0470 \times 0) + 0.9(0.1652 - 0) = 0.2904$$

同理计算出其他情形，用矩阵形式表示为：

$$W = \begin{bmatrix} 0.2904 & -0.0231 \\ 0.7357 & -0.5990 \\ 1.3805 & -0.3438 \end{bmatrix}$$

（7）返回（2）循环计算。经计算，本次得到的权重，使二次型误差函数 J 由 0.2309 减小到 0.1902。经过 12 次循环，达到终止条件，得到的权重为：

$$W = \begin{bmatrix} 0.5878 & 1.2028 \\ 2.8002 & -2.3180 \\ 5.5133 & -2.6496 \end{bmatrix}$$

$$U = \begin{bmatrix} -5.9738 & 0.3282 & 6.8369 \end{bmatrix}$$

网络输出为：

[0.9637 0.0161]

满足 $J \leqslant 0.001$ 的权重有很多，设定不同的初始值一般会得到不同的结果，算法收敛所需的迭代次数也不同。如果初值不当导致算法陷入局部极值，则可能得不到满意的权重。

例 11.1.2：用 BP 神经网络拟合[-4, 4]之间的函数曲线 $f(x)=4\sin x$。

解：

（1）获得样本数据。将[-4, 4]以 0.08 为间隔分为 101 等份，求得各点的函数值，从而建立输入/输出数据对，作为训练数据。

（2）确定网络结构，初始化参数。本例为单输入单输出情形，所以输入层和输出层节点个数都为 1，取一个隐含层，隐含层节点取为 5，可得网络结构为 1-5-1。权重调整采用梯度法，在线学习。终止条件采用式（11-11）的总误差函数判断，目标值 $J_0=0.1$。隐含层激活函数采用式（11-3）的 S 型函数，输出层采用线性函数 $g(s)=s$。输入层与隐含层之间的权重为 W，5 行 1 列；隐含层与输出层之间的权重为 U，1 行 5 列；隐含层阈值为 $B1$，5 行 1 列；输出层权重为 $B0$，1 行 1 列。学习速率 η 取为 0.05。在[-1, 1]区间随机初始化权重和阈值。设初始权重和阈值如下：

$$W = \begin{bmatrix} 0.1990 \\ -0.4155 \\ -0.8174 \\ 0.0135 \\ 0.7683 \end{bmatrix} \quad B1 = \begin{bmatrix} -0.9072 \\ 0.9038 \\ -0.6619 \\ 0.6533 \\ 0.2228 \end{bmatrix}$$

$$U = \begin{bmatrix} -0.5934 & 0.6386 & -0.8831 & 0.0770 & -0.6197 \end{bmatrix}$$

$$B0 = 0.6156$$

（3）根据式（11-5）～（11-9）计算网络输出，其中输出层激活函数采用线性函数 $g(s)=s$。

第一个样本（-4，3.0272）输入时，5 个隐含层节点的加权输入为：

$$NET^1 = WX^1 - B1 = \begin{bmatrix} 0.1990 \\ -0.4155 \\ -0.8174 \\ 0.0135 \\ 0.7683 \end{bmatrix} \cdot [-4] - \begin{bmatrix} -0.9072 \\ 0.9038 \\ -0.6619 \\ 0.6533 \\ 0.2228 \end{bmatrix} = \begin{bmatrix} 0.1112 \\ 0.7582 \\ 3.9315 \\ -0.7073 \\ -3.2960 \end{bmatrix}$$

对应的输出为：

$$Y^1 = f(NET^1) = \frac{1}{1+e^{NET^1}} = \begin{bmatrix} 0.5278 \\ 0.6810 \\ 0.9808 \\ 0.3302 \\ 0.0357 \end{bmatrix}$$

输出层输出为：

$$O = NET'^1 = U \cdot Y^1 - B0 \cdot = \begin{bmatrix} -0.5934 & 0.6386 & -0.8831 & 0.0770 & -0.6197 \end{bmatrix} \cdot \begin{bmatrix} 0.5278 \\ 0.6810 \\ 0.9808 \\ 0.3302 \\ 0.0357 \end{bmatrix}$$

$-0.6156 = -1.3567$

（4）根据式（11-11）计算误差函数。

$$J = \frac{1}{2}\sum_{p=1}^{1}\sum_{k=1}^{1}(t_k^p - o_k^p)^2 = \frac{1}{2}[3.0272 - (-1.3567)]^2 = 9.6095$$

显然这只是一个样本的误差值，J 的计算还没完成。

（5）根据式（11-22）、（11-23）、（11-28）、（11-29）调整权重和阈值。

由于输出层采用线性函数，所以 δ_k^p 的表达式有所改变，令式（11-13）中的 $g'(net'^p_k) = 1$ 即可。权重和阈值的矩阵形式运算过程如下（其中 "●" 符号表示点乘运算）：

$$\delta^1 = (t^1 - o^1)g'(net'^p) = (t^1 - o^1) = 4.3839$$

$$\Delta^1 = Y^1 \cdot (1 - Y^1) \cdot (\delta^1 {}'U)' = \begin{bmatrix} 0.5278 \\ 0.6810 \\ 0.9808 \\ 0.3302 \\ 0.0357 \end{bmatrix} \cdot \left(1 - \begin{bmatrix} 0.5278 \\ 0.6810 \\ 0.9808 \\ 0.3302 \\ 0.0357 \end{bmatrix}\right) \cdot \left(4.3839 \cdot \begin{bmatrix} -0.5934 \\ 0.6386 \\ -0.8831 \\ 0.0770 \\ -0.6197 \end{bmatrix}\right)$$

$$= \begin{bmatrix} -0.5220 \\ 0.7504 \\ -0.0553 \\ 0.1448 \\ -0.0924 \end{bmatrix}$$

$$U = U + \eta\delta^1 Y^{1\prime} = [-0.5934 \quad 0.6386 \quad -0.8831 \quad 0.0770 \quad -0.6197]$$
$$+ 0.05 \cdot 4.3839 \cdot [0.5278 \quad 0.6810 \quad 0.9808 \quad 0.3302 \quad 0.0357]$$
$$= [-0.4777 \quad 0.7879 \quad -0.6681 \quad 0.1494 \quad -0.6119]$$

$$W = W + \eta\Delta^1 X^{1\prime} = \begin{bmatrix} 0.1990 \\ -0.4155 \\ -0.8174 \\ 0.0135 \\ 0.7683 \end{bmatrix} + 0.05 \cdot \begin{bmatrix} -0.5220 \\ 0.7504 \\ -0.0553 \\ 0.1448 \\ -0.0924 \end{bmatrix} \cdot (-4) = \begin{bmatrix} 0.3034 \\ -0.5656 \\ -0.8063 \\ -0.0155 \\ 0.7868 \end{bmatrix}$$

$$B0 = B0 - \eta\delta^1 = 0.6156 - 0.05 \cdot 4.3839 = 0.3964$$

$$B1 = B1 - \eta\Delta^1 = \begin{bmatrix} -0.9072 \\ 0.9038 \\ -0.6619 \\ 0.6533 \\ 0.2228 \end{bmatrix} - 0.05 \cdot \begin{bmatrix} -0.5220 \\ 0.7504 \\ -0.0553 \\ 0.1448 \\ -0.0924 \end{bmatrix} = \begin{bmatrix} -0.8811 \\ 0.8663 \\ -0.6591 \\ 0.6461 \\ 0.2274 \end{bmatrix}$$

（6）如果误差函数值不满足终止条件，返回步骤（3）迭代。

上述计算只有一个样本参与了运算，显然需继续计算。可以看出，采用总误差作为终止条件判断，所有样本训练一遍才能进行一次终止条件判断。训练一个样本算一次迭代的话，算法至少要执行 101 次。算法执行中输入一个样本就调整一次权重，所以是在线学习方式。经过 19392 次迭代，可达到精度要求。

最后所得权重和阈值为：

$$W = \begin{bmatrix} -2.1048 \\ -2.2387 \\ -2.5103 \\ -2.8915 \\ 0.4989 \end{bmatrix} \quad B1 = \begin{bmatrix} -6.6162 \\ 6.8089 \\ -1.1603 \\ 1.8576 \\ 0.3036 \end{bmatrix}$$

$$U = [7.7657 \quad 7.3500 \quad -6.2987 \quad -4.2670 \quad -4.0629]$$
$$B0 = 0.6961$$

网络输出和原函数输出对比如图 11-3 所示。

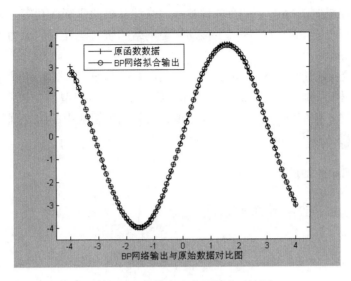

图 11-3 网络输出和实际输出对比图

MATLAB 软件中的神经网络工具箱，提供了多种神经网络学习算法，如果不关心具体运算过程而只求结果，采用 MATLAB 神经网络工具箱可大大减小编程工作量，有关神经网络工具箱的使用，可参考有关文献。工具箱中的梯度法，默认采用均方误差 MSE 作为误差函数，静态网络一般采用离线学习方式，与本例有所不同。

11.2　Hopfield 神经网络

神经计算是模拟人脑的神经系统计算的一种大规模并行计算模式，神经计算系统是由大量处理信息的单元组成，这些处理单元我们称为神经元。1943 年 Pitts 和 McCulloch 首先提出了神经元的数学模型，随后 Hebb 提出 Hebb 学习算法后，兴起了神经网络的研究，许多学者为此展开了多方面的探讨，取得了某些进展，以后碰到了理论上和实现技术上的问题。而以功能模拟为目标的另一分支出现了转机，产生了基于知识处理的知识工程，给人工智能从实验室走向实用带来了希望。同时微电子技术的发展，使传统计算机的处理能力不断提高。这些因素的共同影响，促使人们降低了对神经网络研究的热情，从而使人工神经网路的研究进入了低潮。

近年来，虽然以功能模拟为特色的人工智能研究取得了进展，在某些领域得到了有效的应用，但没有像预料的那样乐观。知识获取瓶颈一直困扰着人们，问题求解的规模与灵活性、人机交互能力和系统的可扩展性等方面都受到限制。而对于人们来说，最简单的日常的识别能力和判断能力，比如图像识别和语音识别等，利用符号处理的方法来实现更显得困难重重。此外微电子技术的迅速发展，又为研究神经网络计算机提供了基础。神经网络的理论研究在这一阶段也取得了若干进展，如 Hopfield 模型、Boltzmann 机、并行分布式处理模型和连线机制的提出，以及各种神经网络计算机的研制成功等，为神经网络的应用带来了希望。以上这些都成为进一步推动神经网络的研究与开发的动力，并重新掀起了神经网络研究的热潮。

20 世纪 80 年代初期，Hopfield 提出了利用能量函数研究反馈网络稳定状态的方法；1984 年 Hopfield 和 Tank 提出了 Hopfield-Tank 连续神经网络模型，给出了模拟电子线路实现的反馈神经网络。他们利用这一方法成功地解决了人工智能中的组合优化问题，如旅行商最优化路径问题（Travelling Salesman Problen，TSP）。

11.2.1　Hopfield 神经网络的结构

标准的 Hopfield 神经网络的动态运行方程为：

$$\begin{cases} C_j \dfrac{du_j}{dt} = \sum_{i=1}^{n} T_{ij} v_i - \dfrac{u_j}{R_j} + I_j \\ v_j = g(u_j) \end{cases} \tag{11-30}$$

因此，对于标准的 Hopfield 神经网络，系统的能量函数为：

$$E = -\frac{1}{2} \sum_{i=1}^{n} \sum_{j=1}^{n} T_{ij} v_i v_j - \sum_{i=1}^{n} v_i I_i + \sum_{i=1}^{n} \frac{1}{R_i} \int^{v_i} g^{-1}(v) dv \tag{11-31}$$

如果神经元的转移特性函数 g 具有反函数 g^{-1}，且是单调连续递增的，同时网络结构对称，则可以证明网络是稳定的。

若网络结构中的放大器为理想放大器或近似理想放大器，则能量函数可为：

$$E = -\frac{1}{2} \sum_{i=1}^{n} \sum_{j=1}^{n} T_{ij} v_i v_j - \sum_{i=1}^{n} v_i I_i \tag{11-32}$$

11.2.2　Hopfield 网络求解优化问题的思想

从概念上来说，Hopfield 网络运行主要有两种形式，相应的应用方式也有两种，即联想存储和优化计算。具体来讲主要应用在图像处理、语音识别、信号处理、控制等领域，Hopfield 网络求解退火问题的方法可归纳如下：

（1）对于特殊问题，选择一种合适的表示方法，使得神经网络的输出与问题的解对应起来。

（2）构造神经网络的能量函数，使其最小值对应于问题的最佳解。

（3）由能量函数反推出神经网络的结构，即神经元之间的链接权值 T_{ij} 及偏流 I_i。

（4）由网络结构构建网络，让其运行，则稳定状态在一定条件下就是问题的解。

对于有约束优化问题，能量函数的建立可采用罚函数方法。例如求解下列有约束条件的优化问题：

$$\begin{cases} \min(f(x)) \\ S.T. g(x) = 0 \end{cases} \tag{11-33}$$

可建立该问题的罚函数，即增加一个二次项来惩罚对约束条件的违背。即：

$$E = f(x) + c*(g(x))^2 \tag{11-34}$$

这样一个有约束优化问题转化成了一个无约束优化问题，即求 $\min(E)$，其中 c 为罚系数。

11.2.3　Hopfield 网络求解 FMS 调度问题

在某一时刻的 FMS 系统假设：

- 有 i 个工件（$i=1, 2, \cdots, n$）和 j 类资源（$j=1, 2, \cdots, m$）。
- 每个工件在加工时使用全部或部分资源。
- 每类资源可用的最大数为 A_j（$j=1, 2, \cdots, m$）。
- 每一工件加工所需的资源数为 R_i（$j=1, 2, \cdots, n$）。
- 要求在该时刻加工的工件数最多。

上述 FMS 系统假设可用一个 $m{\times}n$ 的神经网络来表示，设 Vl_{ij} 为每个神经元的输出，当 $Vl_{ij}=1$ 时它表示工件 i 利用了资源 j，Ul_{ij} 为神经元的输入，则网络的能量函数可表示为：

$$E = \frac{A}{2}\sum_{j}^{m}(\sum_{i}^{n}Vl_{ij} - Aj)^2 + \frac{B}{2}\sum_{i}^{n}(\sum_{i}^{m}Vl_{ij} - Ri)^2 - \frac{C}{2}\sum_{i}^{n}\sum_{j}^{m}\sum_{p}^{n}\sum_{q}^{m}Vl_{ij}*Vl_{pq} \tag{11-35}$$

式（11-35）能量函数的第一项保证每一类资源的约束被满足，第二项保证每一个工件加工所需的资源的约束被满足，第三项为目标函数即尽可能多的工件被加工。可以证明上式是一个 Lyapunov 函数，可以保证收敛到一个稳定状态，这样系统的一个稳定状态对应于问题的一解。

不妨设：

$$E_1 = \frac{A}{2}\sum_{j=1}^{m}\left(\sum_{i=1}^{n}vl_{ij} - A_j\right)^2 \tag{11-36}$$

展开此式可得：

$$\begin{aligned}
E_1 &= \frac{A}{2}\sum_{j=1}^{m}\left(\sum_{i=1}^{n}vl_{ij}\sum_{i=1}^{n}vl_{ij} - 2*A_j\sum_{i=1}^{n}vl_{ij} + A_j^2\right) \\
&= \frac{A}{2}\sum_{j=1}^{m}\left(\sum_{i=1}^{n}vl_{ij}\sum_{p=1}^{n}vl_{pj} - 2*A_j\sum_{i=1}^{n}vl_{ij} + A_j^2\right) \\
&= \frac{A}{2}\sum_{i=1}^{n}\sum_{j=1}^{m}\sum_{p=1}^{n}vl_{ij}vl_{pj} - A\sum_{j=1}^{m}\sum_{i=1}^{n}A_j*vl_{ij} + \sum_{j=1}^{m}\frac{A}{2}A_j^2
\end{aligned} \tag{11-37}$$

同理可设：

$$E_2 = \frac{B}{2}\sum_{i=1}^{n}(\sum_{j=1}^{m}vl_{ij} - R_i)^2 \tag{11-38}$$

展开此式可得:

$$E_2 = \frac{B}{2} \sum_{i=1}^{n} (\sum_{j=1}^{m} vl_{ij} \sum_{j=1}^{m} vl_{ij} - 2 * R_i + R_i^2)$$

$$= \frac{B}{2} \sum_{i=1}^{n} (\sum_{j=1}^{m} vl_{ij} \sum_{q=1}^{m} vl_{iq} - 2 * R_i \sum_{j=1}^{m} vl_{ij} + R_i^2) \tag{11-39}$$

$$= \frac{B}{2} \sum_{i=1}^{n} \sum_{j=1}^{m} \sum_{q=1}^{m} vl_{ij} vl_{iq} - B \sum_{i=1}^{n} \sum_{j=1}^{m} R_i * vl_{ij} + \sum_{i=1}^{n} \frac{B}{2} R_i^2$$

而

$$E_3 = \frac{C}{2} \sum_{i=1}^{n} \sum_{j=1}^{m} \sum_{p=1}^{n} \sum_{q=1}^{m} vl_{ij} vl_{pq}$$

因此,系统的能量函数为:

$$E = E_1 + E_2 + E_3$$

$$= \sum_{i=1}^{n} \sum_{j=1}^{m} vl_{ij} \{ (\frac{A}{2} \sum_{p=1}^{n} vl_{pj} + \frac{B}{2} \sum_{q=1}^{m} vl_{iq} + \frac{C}{2} \sum_{p=1}^{n} \sum_{q=1}^{m} vl_{pq}) + (-A * A_j - B * R_i) \} + \Delta \tag{11-40}$$

其中:

$$\Delta = \frac{A}{2} \sum_{j=1}^{m} A_j^2 + \frac{B}{2} \sum_{i=1}^{n} R_i^2 \tag{11-41}$$

对于某一特定问题,Δ为常数
将上式改写成如下形式:

$$E = -\sum_{i=1}^{n} \sum_{j=1}^{m} vl_{ij} \{ -\frac{1}{2} (A \sum_{p=1}^{n} vl_{pj} + B \sum_{q=1}^{m} vl_{iq} + C \sum_{p=1}^{n} \sum_{q=1}^{m} vl_{pq})$$

$$+ (A * A_j + B * R_i) \} + \Delta \tag{11-42}$$

而对于标准 Hopfield 网络的能量函数为:

$$E' = -\frac{1}{2} \sum_{i=1}^{n} \sum_{j=1}^{m} \sum_{p=1}^{n} \sum_{q=1}^{m} T_{ij,pq} vl_{ij} vl_{pq} - \sum_{i=1}^{n} \sum_{j=1}^{m} vl_{ij} I_{ij}$$

$$= -\sum_{i=1}^{n} \sum_{j=1}^{m} vl_{ij} (\frac{1}{2} \sum_{p=1}^{n} \sum_{q=1}^{m} T_{ij,pq} vl_{pq} + I_{ij}) \tag{11-43}$$

因此,将式(11-42)与标准 Hopfield 网络的能量函数式比较,不难看出:

$$\sum_{p=1}^{n} \sum_{q=1}^{m} T_{ij,pq} vl_{pq} = -(A \sum_{p=1}^{n} vl_{pj} + B \sum_{q=1}^{m} vl_{iq} + C \sum_{p=1}^{n} \sum_{q=1}^{m} vl_{pq}) \tag{11-44}$$

$$I_{ij} = (-A * A_j - B * R_i) \tag{11-45}$$

设网络具有对称结构,因此:

$$T_{ij,pq} = T_{pq,ij} \tag{11-46}$$

所以，网络神经元的运动方程可写为：

$$C_{ij}\frac{du_{ij}}{dt} = -\frac{u_{ij}}{R_{ij}} + \sum_{p=1}^{n}\sum_{q=1}^{m}T_{ij,pq}vl_{pq} + I_{ij}$$ （11-47）

不妨取：

$$C_{ij} = R_{ij} = 1$$ （11-48）

且将式（11-44）和式（11-45）代入网络运动方程，可得：

$$\frac{du_{ij}}{dt} = -u_{ij} - (A\sum_{p=1}^{n}vl_{pj} + B\sum_{q=1}^{m}vl_{iq} + C\sum_{p=1}^{n}\sum_{q=1}^{m}vl_{pq}) + (A*A_j + B*R_i)$$ （11-49）

即

$$\frac{du_{ij}}{dt} = -u_{ij} - A(\sum_{i=1}^{n}vl_{ij} - A_j) - B(\sum_{j=1}^{m}vl_{ij} - R_i) + C\sum_{i=1}^{n}\sum_{j=1}^{m}vl_{ij}$$ （11-50）

在进行求解调度问题的 Hopfield 神经网络能量函数式与标准的 Hopfield 能量函数的比较中，没有考虑 E 中的常数项 Δ，因为实际上能量函数中的常数项对能量的升降没有影响，只影响能量值的多少。而在升降网络中，我们更关心的是能量降低的动态特性和稳定时网络的输出。换句话来说，只对能量是否降低到极值点感兴趣，而不关心能量值的大小。

因此，与式（11-35）对应的运动方程为：

$$\frac{d(Ul_{ij})}{dt} = -Ul_{ij} - A(\sum_{i=1}^{n}Vl_{ij} - A_j) - B(\sum_{j=1}^{m}Vl_{ij} - Ri) + C\sum_{i}^{n}\sum_{j}^{m}Vl_{ij}$$ （11-51）

每个神经元输出与输入之间满足 Sigmoid 函数特性，即：

$$Vl_{ij} = \frac{1}{2}[1 + \tanh(Ul_{ij}/\alpha)]$$ （11-52）

这样，求解调度问题最终可归结为：适当给定 A、B、C 等惩罚系数即神经元的初值，通过交替求解式（11-51）、式（11-52），使式（11-35）最小化，当网络趋于稳定时，即可求得调度问题的一个解。

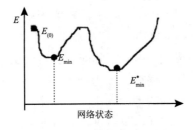

图 11-4　能量状态变迁图

为了讨论网络变化的情况，假设网络的能量曲线如图 11-4 所示，它是能量随网络状态的变化图，网络状态对应于调度问题的求解过程，纵轴为能量函数，横轴是网络变化过程（与求解时间相对应）。图中 E_{min}^* 为能量函数的全局最小点，E_{min} 为局部最小点，为简单起见，只考虑一维的情况。

对于调度问题，若给定个惩罚系数及神经元的初值，最优解（全局最小点）也就唯一确定了，如图 11-4 中的 E_{min}^* 网络开始变化时，能量处于初始态 $E_{(0)}$ 点。由于 Hopfield 网络的变化过程是类似梯度下降法的一种搜索过程，即能量函数（11-35）始终是减少的。当网络到达 E_{min} 后，由于其周围的能量都比 E_{min} 高，按照梯度下降法的思想，网络能量函数就稳定在 E_{min}，即网络稳定在能量局部最小点而非全局最小点，换句话说，就是只得到一个局部最小解而非全局最小解。

如果当网络收敛在能量函数局部最小点 E_{min} 后，给它一个适当的外"力"，将其拉出局部最小点，它就可以进一步向全局最小点 E_{min}^* 变化。模拟退火技术就具备这一"外力"，为网络从局部最小点跳出而向全局最小点收敛提供了一种可行的工具。

11.2.4　旅行商问题（TSP）的 Hopfield 网络求解

所谓旅行商问题是指：设有 n 个城市的集合 $\{C_1, C_2, \cdots\cdots, C_n\}$，$C_i$ 到 C_j 之间的距离为 d_{ij} $d_{ij} = d_{ji}$，使找出一条最短的经过每个城市各一次且仅一次，并返回出发地的路径。旅行商问题是一个典型的 NP（Non-Polynomal）完全问题，没有确定的算法能在多项式时间内得到问题的解。对于此问题，若采用穷尽搜索算法，则需考虑所有情况，找出所有的路径，再对其进行比较，找到最佳路径。这种方法随着城市数的上升是不可能实施的。因为对于 NP 完全问题，算法的时间随问题规模的增加而按指数增长，既存在所谓的指数爆炸（也称组合爆炸）问题。采用 Hopfield 网络求解的原理如下：

首先把问题转化成适合神经网络处理的形式。我们使用 $n \times n$ 个神经单元，用神经元的状态来表示某一个城市在某一条有效路径的位置。例如，神经元 x_i 的状态用 V_{xi} 来表示，其中 $x \in \{1, 2 \cdots\cdots, n\}$ 表示第 x 个城市 C_x，而 $i \in \{1, 2 \cdots\cdots, n\}$ 表示 C_x 在路径中是第 i 个城市。状态 $V_{xi} = 1$ 表示 C_x 在路径中第 i 个位置出现；$V_{xi} = 0$ 表示在路径中第 i 个位置不出现，此时第 i 个位置上为其他城市。

由此可见，$n \times n$ 矩阵 v 可以表示 n 个城市 TSP 问题一次有效路径，即矩阵 v 可以唯一地确定对所有城市的访问次序。根据 TSP 问题的定义，一次有效的路径使 v 的每一行有且仅有一个元素 1，其余为 0（对应于只访问每个城市一次），每列有且仅有一个元素为 1，其余为 0（对应于每次只访问一个城市）。例如对于 5 个城市的 TSP 问题，一次有效的路径可能构成矩阵入表 2 所示的形式。由此矩阵即可知访问次序为 C_3, C_1, C_5, C_2, C_4。由访问次序就可得路径总长度，对于本例，路径总长为：$d = d_{31} + d_{15} + d_{52} + d_{24} + d_{43}$。

为解决此问题，必须构成这样的神经网络：在网络运行时，计算能量降低。网络稳定后其输出状态代表城市被访问的次序，即构成表 11-1 所示的换位矩阵。网络能量的极小点对应于最佳（或较佳）路径，由此时的输出换位矩阵就可得求解的结果。

表 11-1　城市 TSP 问题中一次可能的路径

城市 构成 v 矩阵被 访问次数	1	2	3	4	5
C1	0	1	0	0	0
C2	0	0	0	1	0
C3	1	0	0	0	0
C4	0	0	0	0	1
C5	0	0	1	0	0

解决问题的关键一步，还是构成合适的能量函数。

• 路径有效性。为保证输出构成换位阵，因此有约束条件

$$E_1 = \frac{A}{2} \sum_{x=1}^{n} \sum_{i=1}^{n} \sum_{j=1, j \neq i}^{n} v_{xi} v_{xj} \qquad (11\text{-}53)$$

其中 n^2 为常数。E_1 保证当矩阵 v 的每一行不多于一个 1 时，E_1 达到最小 $E_{1\min} = 0$。同理可以构成列约束

$$E_2 = \frac{B}{2} \sum_{i=1}^{n} \sum_{x=1}^{n} \sum_{y=1, y \neq x}^{n} v_{xi} v_{xj} \qquad (11\text{-}54)$$

其中 $B > 0$ 为常数。E_2 保证当矩阵 v 的每一列不多于一个 1 时，E_2 达到最小 $E_{2\min} = 0$。接着可以侯成全局约束

$$E_3 = \frac{C}{2} \left(\sum_{x=1}^{n} \sum_{i=1}^{n} v_{xi} - n \right)^2 \qquad (11\text{-}55)$$

其中 $C > 0$ 为常数。E_3 保证当矩阵 v 中 1 的个数恰好为 n 时，E_3 达到最小 $E_{3\min} = 0$。以上三式之和到达最小时，能保证网络输出状态矩阵 v 构成换位阵。

• 路径的合理性。此项定义中应该包含有效路径的长度信息。可定义 E_4 为：

$$E_4 = \frac{D}{2} \sum_{x=1}^{n} \sum_{y=1, y \neq x}^{n} \sum_{i=1}^{n} d_{xy} v_{xi} \left(v_{y,i+1} + v_{y,i-1} \right) \qquad (11\text{-}56)$$

其中 $D > 0$ 为常数。下标运算定义为 n 的模运算。这样从路径最后一个城市到第一个城市的距离也包括在式（11-56）中。E_4 实际数值就是一次有效路径总长度的倍数。若路径最佳，则 E_4 达到最小点；若路径较佳，则 E_4 达到极小点。

这样，可以构成网络求解 TSP 问题的能量函数为：

$$E = E_1 + E_2 + E_3 + E_4 \qquad (11\text{-}57)$$

设函数 δ_{xy} 和 δ_{ij} 分别为：

$$\delta_{xy} = \begin{cases} 1; x = y \\ 0; x \neq y \end{cases} \tag{11-58}$$

$$\delta_{ij} = \begin{cases} 1; i = j \\ 0; i \neq j \end{cases} \tag{11-59}$$

由于：

$$E_1 = \frac{A}{2} \sum_{x=1}^{n} \sum_{i=1}^{n} \sum_{j=1,j\neq i}^{n} v_{xi} v_{xj}$$

$$= \frac{A}{2} \sum_{x=1}^{n} \sum_{i=1}^{n} \sum_{j=1}^{n} v_{xi} v_{xj} \left(1 - \delta_{ij}\right) \tag{11-60}$$

$$= \sum_{x=1}^{n} \sum_{y=1}^{n} \sum_{i=1}^{n} \sum_{j=1}^{n} \frac{A}{2} \left(1 - \delta_{ij}\right) \delta_{xy} v_{xi} v_{xj}$$

同样：

$$E_2 = \frac{B}{2} \sum_{i=1}^{n} \sum_{x=1}^{n} \sum_{y=1,y\neq x}^{n} v_{xi} v_{yi}$$

$$= \frac{B}{2} \sum_{i=1}^{n} \sum_{x=1}^{n} \sum_{y=1}^{n} v_{xi} v_{yi} \left(1 - \delta_{xy}\right) \tag{11-61}$$

$$= \sum_{x=1}^{n} \sum_{y=1}^{n} \sum_{i=1}^{n} \sum_{j=1}^{n} \frac{B}{2} \left(1 - \delta_{xy}\right) \delta_{ij} v_{xi} v_{yi}$$

$$E_3 = \frac{C}{2} \left(\sum_{x=1}^{n} \sum_{i=1}^{n} v_{xi} - n \right)^2 = \frac{C}{2} \left(\sum_{x=1}^{n} \sum_{i=1}^{n} v_{xi} \sum_{x=1}^{n} \sum_{i=1}^{n} v_{xi} - 2 * n \sum_{x=1}^{n} \sum_{i=1}^{n} v_{xi} + n^2 \right)$$

$$= \frac{C}{2} \sum_{x=1}^{n} \sum_{i=1}^{n} v_{xi} \sum_{y=1}^{n} \sum_{j=1}^{n} v_{yj} - C * n \sum_{x=1}^{n} \sum_{i=1}^{n} v_{xi} + \frac{C}{2} n^2 \tag{11-62}$$

$$= \frac{C}{2} \sum_{x=1}^{n} \sum_{i=1}^{n} \sum_{y=1}^{n} \sum_{j=1}^{n} v_{xi} v_{yj} - C * n \sum_{x=1}^{n} \sum_{i=1}^{n} v_{xi} + \frac{C}{2} n^2$$

$$E_4 = \frac{D}{2}\sum_{x=1}^{n}\sum_{y=1,y\neq x}^{n}\sum_{i=1}^{n}d_{xy}v_{xi}\left(v_{y,i+1}+v_{y,i-1}\right)$$

$$= \frac{D}{2}\sum_{x=1}^{n}\sum_{y=1}^{n}\sum_{i=1}^{n}d_{xy}v_{xi}\left(v_{y,i+1}+v_{y,i-1}\right)\left(1-\delta_{xy}\right) \tag{11-63}$$

$$= \frac{D}{2}\sum_{x=1}^{n}\sum_{y=1}^{n}\sum_{i=1}^{n}\sum_{j=1}^{n}d_{xy}\left[v_{xi}\left(v_{y,j}*\delta_{j,i+1}+v_{y,j}*\delta_{j,i-1}\right)\right]\left(1-\delta_{xy}\right)$$

$$= \sum_{x=1}^{n}\sum_{y=1}^{n}\sum_{i=1}^{n}\sum_{j=1}^{n}v_{xi}v_{yj}d_{xy}\left(1-\delta_{xy}\right)\left(\delta_{j,i+1}+\delta_{j,i-1}\right)$$

所以，求解 TSP 问题的 Hopfield 神经网络的能量函数为：

$$E = E_1 + E_2 + E_3 + E_4$$

$$= -\frac{1}{2}\sum_{x}^{n}\sum_{i}^{n}\sum_{y}^{n}\sum_{j}^{n}v_{xi}v_{yj}\left\{\left[-A\delta_{xy}\left(1-\delta_{ij}\right)-B\delta_{ij}\left(1-\delta_{xy}\right)\right.\right.$$

$$\left.\left.-C-Dd_{xy}\left(1-\delta_{xy}\right)\left(\delta_{j,i+1}+\delta_{j,i-1}\right)\right]-\sum_{x=1}^{n}\sum_{i=1}^{n}v_{xi}*\left(n*C\right)+n^2\right\} \tag{11-64}$$

与标准的 Hopfield 神经网络的能量函数比较，可得求解 TSP 问题的 Hopfield 神经网络结构为：

$$T_{xi,yj} = -A\delta_{xy}\left(1-\delta_{ij}\right)-B\delta_{ij}\left(1-\delta_{xy}\right)$$

$$-C-Dd_{xy}\left(1-\delta_{xy}\right)\left(\delta_{j,i+1}+\delta_{j,i-1}\right) \tag{11-65}$$

$$I_{yj} = n*C \tag{11-66}$$

在 TSP 问题 Hopfield 神经网络能量函数式与标准的能量函数比较中，没有考虑式中的常数项 n^2，因为实际上能量函数中的常数项对能量的升降没有影响，只影响能量值的多少。而在升降网络中，我们更关心的是能量降低的动态性能和稳定时网络的输出。换句话说，只对能量是否降低到极致点感兴趣，而不关心能量值的大小。

用计算机模拟时，应把网络结构（11-65）式及（11-66）式代入网络运行方程式，此时可得：

$$\begin{cases} C_{xi}\dfrac{du_{xi}}{dt} = -\dfrac{u_{xi}}{R_{xi}} - A\sum_{j=1,j\neq i}^{n} v_{xj} - B\sum_{y=1,y\neq x}^{n} v_{yi} \\ \qquad\qquad - C(\sum_{x=1}^{n}\sum_{y=1}^{n} v_{xy} - n) \\ \qquad\qquad - D\sum_{y=1,y\neq x}^{n} d_{xy}(v_{y,i+1} + v_{y,i-1}) \\ v_{xi} = g(u_{xi}) \end{cases} \qquad (11\text{-}67)$$

S 形函数选用 $g(u_{xi}) = \dfrac{1}{2}(1 + \tan h(\alpha * u_{xi}))$

初始值选 $u_{xi} = \dfrac{1}{n}$，再加上随机噪声，一般来说网络可以收敛。

11.3　模拟退火算法

11.3.1　模拟退火算法简介

模拟退火（Simulated Annealing）算法[8][9]是将组合优化问题与统计力学中的热平衡类比，另辟了求解组合优化问题的新途径。它通过模拟退火过程可以找到全局或近似全局最优解，它是基于蒙特卡罗迭代求解法的一种启发式随机搜索过程。模拟退火算法用于求解优化问题的出发点是基于物理中固体物质的退火过程与一般优化问题间的相似性。在对固体物质进行退火处理时，通常先将它加温，使其中的粒子可以自由运动，然后随着温度的逐渐下降，粒子也逐渐形成了低能态的晶格。若温度下降速率足够慢，则固体物质一定会形成最低能量的基态。对于组合优化问题来说，它也有这样类似过程。组合优化问题解空间中的每一点都代表一个解，不同的解有着不同的代价值。所谓优化，就是在解空间中寻找代价函数（亦称目标函数）最小（或最大）的解。

设 $s = \{s_1, \ldots s_n\}$ 为所有可能的组合（或称状态）所构成的集合，$C : S \to R$ 为非负目标函数，即 $C(S) \geqslant 0$ 反映取状态 S_i 为解的代价，则组合优化问题可形式地表述寻找 $S^* \in S$

$$C(S^*) = \min C(S_i) \qquad \forall S_i \in S \qquad (11\text{-}68)$$

模拟退火的基本思想为：把每种组合状态 S_i 看成某一物质系统的微观状态，而 $C(S_i)$ 看成该物质系统在状态 S_i 下的内能，并用控制参数 T 类比温度。让温度 T 从一个足够高的值慢慢下降，对每个 T，用 Metropolis 抽样法在计算机上模拟该体系在此温度 T 下的热平衡态，即对当前状态 S 做随机扰动产生一个新状态 S'，计算增量 $\Delta C' = C(S') - C(S)$，并以概率 $\exp(-\Delta C / kT)$ 接受 S' 作为新的当前状态。当重复地如此随机扰动足够多次后，状态 S_i 出现为当前状态的概率将服从玻尔兹曼分布，即：

$$f = Z(T)e^{C(S_1)/kT}$$　　　　　（11-69）

其中：

$$Z(T) = \frac{1}{\sum_i e^{-C(S_1)/kT}}$$　　　　　（11-70）

而 k 为玻尔兹曼常数。为方便起见，以后将吸收于 T 中。由上式可见，若温度 T 下降足够慢，且 $T \to 0$，当前状态将具有最小 $C(S_i)$ 的状态。

模拟退火算法求解优化问题的步骤如下：

设 $X = \{x_1, x_2, \dots x_n\}$ 为解集，每个解的代价函数为 $f(X_i)$，优化问题就是找到具有最小代价的解，即找出 $x^* \in X$，使：

$$f(X^*) = \min f(x_i), \ i \in \{1, 2, \cdots, p\}$$　　　　　（11-71）

具体算法如下：

（1）设定初始温度 $T(0) = T_0$，迭代次数 $t = 0$，选一初始状态作为当前解。

（2）置温度 $T = T(t)$，状态 $\bar{x} = x(t)$，步骤如下：

① 置抽样次数 $k=0$；

② 对当前状态 $\bar{x}(k)$ 作为随机扰动，产生其邻域中的一个新状态 $\bar{x}'$；

③ 计算代价函数变化值 $\Delta f = f(\bar{x}') - f(\bar{x}(k))$，若 $\Delta f < 0$，接受 $\bar{x}'$ 为下一当前状态，即 $\bar{x}(k+1) = \bar{x}'$；否则，产生 $[0,1]$ 上均匀分布随机数 λ；若 $\lambda < \exp(-\Delta f/T)$，则 $\bar{x}(k+1) = \bar{x}'$；否则，不接受 $\bar{x}'$，即 $\bar{x}(k+1) = \bar{x}(k)$；

④ 置 $k = k+1$，按某一收敛标准判断抽样过程是否结束，是，则转（3）；否则，转（2）。

（3）置 $x(t+1) = \bar{x}$，更新温度（降温）$T(t+1) = f'(T(t))$，同时 $t = t+1$，其中 f' 为一单调下降函数。

（4）按某一收敛准则检测退火过程是否结束，是，则转（5）；否则转（2）。

（5）输出 $x(t)$ 为问题的解。

模拟退火的实现过程中应注意三个基本因素：

（1）以一定的概率密度跃迁到新的状态，这个概率密度函数我们称为生成函数（Generating Function）。

（2）以一定的概率密度容忍评估函数的上升，这个概率密度函数称为容忍函数（Acceptance Function）。

（3）以一定的冷却方式降低温度，这个等效温度是生成函数和容忍函数中的控制参数，确定所引入的随机扰动（噪声）的强度。

以上三点式影响模拟退火算法的收敛性和收敛速度的关键，且影响模拟退火算法结束后以多大的概率使状态稳定在全局最小点上，这一点目前尚无一般结论，理论上也没有完善的可供借鉴的结论，只能结合具体问题做具体分析。

11.3.2 基于 Hopfield 优化模型的模拟退火求解算法

基于 11.2 节介绍的 Hopfield 优化模型的梯度下降法和上述的模拟退火技术，作者设计了一种 Hopfield & Simulated Annealing 混合策略，其过程如下：

开始时利用计算机模拟运行 Hopfield 模型，并得到一个解，然后转模拟退火算法作退火处理，即随机产生一解，判断是否接受此解。若接受此解，则重新转入 Hopfield 模型迭代过程；若不接受此解，则结束全过程，且当前的解即为求解结果。这种求解方法在计算过程中仍具有 Hopfield 模型迭代的快速求解的能力，又可以借助于模拟退火技术多次越过能量函数下降过程中的各个局部最小点，从而可求得全局（近似全局）最优解。求解流程图如图 11-5 所示。

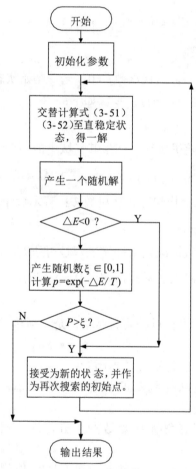

图 11-5 Hopfield & Simulated Annealing 混合策略算法示意图

图 11-6 表示了上述计算过程中能量的变化情况，图中横坐标为迭代次数。纵坐标为系统能量值。从图中可以看出，网络从初始状态开始变化后，能量是呈下降趋势的，一直收敛到局部最小点，此时，因模拟退火算法的作用，能量函数突然向增加的方向变化，系统接受这一变化，使网络跳出了局部最小点，在转入 Hopfield 迭代以后，能量函数继续向下

降的方向发展，直至收敛到另一最小点，在满足结束标准后，退出计算过程，此时的状态即为求解结果。

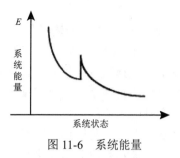

图 11-6　系统能量

需要指出的是，有时求解得到的只是次优解，如果不满意该次结果，可再启动本算法，直到满意为止。

11.4　遗传算法

11.4.1　遗传算法简介

遗传算法是人工智能的重要分支，是基于达尔文进化论和孟德尔遗传学说，在计算机上模拟生命进化而发展起来的学科，其基本思想是由美国密歇根大学的 Holland 教授于 20 世纪 60 年代提出的。遗传算法根据适者生存、优胜劣汰等自然进化原则来进行搜索计算和问题求解，为许多用传统数学难以解决或明显失效的复杂问题，提供了一条行之有效的途径，也为人工智能的研究带来了新的生机。

适者生存原理认为每一物种在发展中越来越适应环境。物种中每个个体的基本特征由后代所继承，但后代又会产生一些异于父代的新变化。在环境变化时，只有那些能适应环境的个体特征能保留下来。

孟德尔遗传学说最重要的是基因遗传原理，它认为遗传以密码方式存在细胞中，并以基因形式包含在染色体内。每个基因有特殊的位置并控制某种特殊性质，所以，每个基因产生的个体对环境具有某种适应性。基因突变和基因杂交可产生更适应于环境的后代。经过存优去劣的自然淘汰，适应性高的基因结构得以保存下来。

基因是控制生物性状遗传物质的功能和结构的基本单位，染色体是多个基因的集合，是遗传物质的主要载体。个体是染色体带有特征的实体，一定数量的个体构成群体，群体内个体的数目称为群体规模或群体大小。染色体有两种表示模式，即基因型和表现型。表现型是指生物个体所表现出来的性状，基因型由与表现型密切相关的基因组成，是染色体的内部表现。从表现型到基因型的转换称为编码，在遗传算法中编码把搜索空间中的参数转换为遗传空间中的染色体。编码的反操作称为解码。适应度是个体对环境的适应程度，是进行优胜劣汰的评价标准。

遗传算法中有一个重要的概念，即模式。模式是种群中的个体间所具有的相似性模板，模式表示的是个体编码串某些特征位相同的结构。二进制编码中模式由字符{0, 1, *}表示，符号*表示任意字符，即 0 或 1。如模式**1 描述子集{001, 011, 101, 111}，子集中各元素的第 3 位具有相同的基因值"1"。遗传算法中串的运算实际上是模式的运算。

遗传算法有三个主要操作算子：选择、交叉和变异。选择是以一定的概率从群体中选取若干个体的操作。交叉是以某一概率对两个染色体交换部分基因的操作，又称重组。变异是以某一概率改变某一个或多个基因的值的操作。

遗传算法是一种随机优化算法，但它不是简单的随机比较搜索，而是通过对染色体的评价和对染色体中基因的作用，有效地利用已有信息来指导搜索最优解。

遗传算法在计算过程中一直维持一个数目固定的群体，群体中每个个体代表问题的一个潜在解，按一定方法计算其适应度并评价其优劣。经过选择、交叉、变异等遗传操作后产生出新的群体。新产生的群体继续进行评价-选择-交叉-变异，如此重复操作，在若干代后，进化过程结束，得到问题的解。

遗传算法是一种高度并行、随机、自适应的算法，全局搜索能力强。它以参数编码进行操作，而不使用参数本身；操作对象是一组可行解，而非单个可行解，搜索轨道有多条，而非单条，因而具有良好的并行性；它只需利用目标的取值信息，无须梯度等高价值信息，因而适合于大规模、高度非线性的不连续多峰函数的优化以及无解析目标函数表的问题的优化，具有很强的通用性。

一般认为，遗传算法有 5 个基本组成部分：问题解的遗传表示即编码；初始种群的生成方法；判定个体优劣的评价函数；用于进化的选择、交叉、变异等遗传算子；遗传算法的参数值。

遗传算法实施的基本步骤为：

（1）确定寻优参数，编码方法，编码长度。编码方法有二进制编码，实数编码，符号编码等。

（2）初始化群体。种群规模一般为 20～200，对于复杂问题可以取大一些。取值小，能够提高算法的进化速度，但由于个体数量较少，解覆盖面不足，容易过早收敛，取值过大，计算量会增大。

（3）计算群体中各个个体的适应度值。适应度值表明个体对环境适应能力的强弱，用以评价个体的优劣，不同的问题，适应度函数的定义方式也不同，一般由目标函数转化而成。适应度函数一般要求非负。

（4）选择。选择操作用以确定保留哪些个体来繁殖后代，进行选择的原则是适应性强的个体生存繁衍的机会大，以使搜索向最优解靠近。选择方法有轮盘赌法、最佳个体保留法、联赛选择法和排序选择法等。

（5）交叉。按照所设定的交叉概率，对选中的配对染色体随机选择位置进行交叉，产生两个新个体，新个体组合了其父辈个体的特性。交叉体现了信息交换的思想。交叉概率一般取值 0.4～0.99，取值太大，会破坏高性能模式，太小，搜索会陷入停滞状态。交叉方法有单点交叉、多点交叉、均匀交叉和算数交叉等。

（6）变异。对于群体中的个体，以一定的概率改变其基因串中某个基因的值。同生物界一样，遗传算法中变异发生的概率很低，变异为新点的产生提供了机会。变异概率一般取值 0.0001～0.1，取值较大时，可增强群体多样性，但会破坏高性能模式，算法将趋于纯粹的随机搜索，太小则体现不出变异的作用。变异方法有基本位变异、反转变异、边界变异和均匀变异等。

（7）终止条件验证。如果不满足终止条件，则转（3）进行循环迭代；如果满足，则算法结束。

遗传算法流程图如图 11-7 所示。

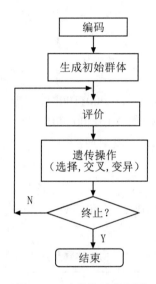

图 11-7　遗传算法流程图

11.4.2　遗传算法举例

请采用遗传算法求下述 Rosenbrock 函数的极大值：

$$\begin{cases} f(x_1, x_2) = 100(x_1^2 - x_2)^2 + (1 - x_1)^2 \\ -2.048 \leqslant x_i \leqslant 2.048 \qquad (i = 1, 2) \end{cases}$$

解：（1）确定优化变量和约束条件

由题意可知，优化变量有两个：x_1 和 x_2；约束条件为变量的取值区间：$-2.048 \leqslant x_1 \leqslant 2.048$，$-2.048 \leqslant x_2 \leqslant 2.048$。

（2）确定编码方法

采用二进制编码，将变量转换成二进制串，串的长度取决于要求的精度。设变量的区间为 $[a, b]$，若要求精度是小数点后 3 位，则变量至少要分为 $(b-a) \times 10^3$，变量长度 L 满足式（11-72）：

$$2^L - 1 \geqslant (b-a) \times 10^3 \qquad （11-72）$$

L 越大精度越高，但增加运算量。

本例 $a=-2.048$，$b=2.048$，两个变量范围一样，故都取 $L=13$。两个变量的编码串联起来，就构成一个染色体，故染色体长度为 26。

（3）确定解码方法

解码是将二进制串转换为满足约束条件的十进制变量，设码串对应的十进制整数为 k，则解码公式如下：

$$X = \frac{(b-a)}{2^L - 1} \cdot k + a = \delta \cdot k + a \tag{11-73}$$

如果 a，b 为整数，δ 也为整数，则该解码公式可应用于离散整数变量问题。

将本例数据带入式（11-73）可得

$$X = \frac{4.096}{8191} \cdot k - 2.048$$

如某一染色体为 00101000000010110000110001，则前 13 个数码表示变量 x_1，后 13 个数码表示变量 x_2。前 13 个数码 0010100000001 的十进制数为 1281，后 13 个数码 0110000110001 的十进制数为 3121，则对应的变量为

$$x_1 = \frac{4.096}{8191} \cdot 1281 - 2.048 = -1.4074 \qquad x_2 = \frac{4.096}{8191} \cdot 3121 - 2.048 = -0.4873$$

令种群规模 $n=10$，则种群为 10×26 的布尔矩阵，由此可初始化种群。某次所得的初始种群及其解码值如表 11-2 所示。

表 11-2 初始种群及其解码值

染色体编号	二进制编码串	解码值	
		x_1	x_2
1	00011110111111011011001000	−1.5524	0.8684
2	00010110100101110000100011	−1.6870	1.5539
3	10011010000000110010000000	0.4163	−0.4478
4	10000100101100010111111010	0.0753	−1.2829
5	00000101110001010010110010	−1.9560	0.6013
6	10100111001010001001111010	0.6268	−1.7310
7	11011100001111001011100100	1.4759	0.3703
8	00101011111110011010000101	−1.3444	−1.2134
9	11000101100100101101111000	1.1134	−0.5798
10	00111011101010100010010100	−1.0934	−0.9499

（4）建立适应度函数

适应度函数一般由目标函数求得，遗传算法中一般要求适应度函数非负（轮盘赌法必须非负，其他选择方法有的不要求非负）、最大化，所以要对目标函数进行处理，主要有以下方法：

Ⅰ. 对于求最小值的问题，

$$fit(X) = \begin{cases} C_{\max} - f(X) & if \quad f(X) < C_{\max} \\ 0 & 其他 \end{cases} \tag{11-74}$$

$C_{\max}$ 为非负数，是对 $f(X)$ 最大值的估计。

对于求最大值的问题，按式（11-75），

$$fit(X) = \begin{cases} f(X) - C_{\min} & if \quad f(X) > C_{\min} \\ 0 & 其他 \end{cases} \tag{11-75}$$

$C_{\min}$ 是对 $f(X)$ 最小值的估计。

Ⅱ. 对于求最小值的问题，按式（11-76），

$$fit(X) = \frac{a}{c + f(X)} \qquad c \geq 0, c + f(X) > 0 \tag{11-76}$$

对于求最大值的问题，按式（11-77），

$$fit(X) = \frac{a}{c - f(X)} \qquad c \geq 0, c - f(X) > 0 \tag{11-77}$$

参数 c 用于保证适应度函数大于 0，可预估目标函数的界限值确定，参数 a 主要是避免数值溢出。

本例是求最大值，且函数值非负，所以直接将目标函数值作为适应度评价函数。

$$fit(X) = f(x_1, x_2) = 100(x_1^2 - x_2)^2 + (1 - x_1)^2$$

将上一步所得的解码值代入可得 10 个个体的适应度值，如表 11-3 所示。

表 11-3　10 个个体的适应度值

编　号	1	2	3	4	5	6	7	8	9	10
适应度	244.2027	174.1153	38.9186	166.8966	1048.5222	451.2228	327.1399	918.0482	331.0523	464.6364

（5）选择操作

采用轮盘赌选择方法，实施过程如下：

Ⅰ. 计算每代 n 个染色体的适应度值 $fit(X_i)$。$i = 1, 2, \cdots, n$，$X_i = [x_1^i, x_2^i]$ 表示第 i 个个体对应的变量组。

Ⅱ. 计算该代所有染色体的适应度值和：

$$S = \sum_{i=1}^{n} fit(X_i) \qquad i = 1, 2, \cdots, n \tag{11-78}$$

Ⅲ. 对各染色体，计算选择概率 p_i：

$$p_i = \frac{fit(X_i)}{S} \qquad i = 1, 2, \cdots, n \qquad (11\text{-}79)$$

Ⅳ. 对各染色体，计算累计概率 q_k：

$$q_k = \sum_{i=1}^{k} p_i \qquad i = 1, 2, \cdots, n \qquad k = 1, 2, \cdots, n \qquad (11\text{-}80)$$

Ⅴ. 在[0，1]区间内产生一个均匀分布的随机数 r。

Ⅵ. 若 $r \leqslant q_1$ 则选第一个染色体 X_1，否则选第 k 个染色体 $X_k(2 \leqslant k \leqslant n)$，满足 $q_{k-1} \leqslant r \leqslant q_k$。

由表 11-3 和公式（11-78）、（11-79）、（11-80），可得上述 10 个个体的累计概率如表 11-4 所示。

表 11-4　10 个个体的累计概率

染色体编号	1	2	3	4	5	6	7	8	9	10
累计概率	0.0586	0.1004	0.1098	0.1499	0.4016	0.5100	0.5885	0.8089	0.8884	1

某次产生的随机数及相应选中的个体如表 11-5 所示。

表 11-5　随机数与对应选中的个体

随机数	0.7584	0.2605	0.3544	0.9591	0.1720	0.8482	0.6037	0.5509	0.8359	0.2294
被选中个体	8	5	5	10	5	9	8	7	9	5

第一个随机数 0.7584 落在了 0.5885 和 0.8089 之间，0.5885 对应第 7 个个体，0.8089 对应第 8 个个体，即 $q_7 \leqslant 0.7584 \leqslant q_8$，则第 8 个个体被选中，同理分析其他随机数所落的区间，从而得到本代被选中的个体。

本次选择操作，适应度高的 5#和 8#被选中的次数较多，体现了"适者生存、优胜劣汰"的自然进化法则。也可看出选择后种群中有重复个体，如 5#个体被选中 4 次。

选择操作后得到种群为：

$$
\begin{bmatrix}
0010101111111001101000101 \\
0000010111000101001011010 \\
0000010111000101001011010 \\
0011101110101010001001010 \\
0000010111000101001011010 \\
1100010110010010110111000 \\
0010101111111001101000101 \\
1101110000111100101110010 \\
1100010110010010110111000 \\
0000010111000101001011010
\end{bmatrix}
$$

（6）交叉操作

采用单点交叉，具体操作是先将群体中的染色体两两随机配对，然后产生一个[0,1]之间的随机数，每对染色体对应一个随机数，如果随机数小于交叉概率 p_c，则该对染色体被选中进行交叉。交叉时先产生一个[1, 2L-1]之间的随机整数作为交叉点，交换两个配对染色体在该点后的结构。没被选中的染色体对不进行交叉，直接进入下一步操作。

单点交叉运算示意如下，

A: 0100110 ¦ 001010　　　　A': 0100110 ¦ 100001

B: 1010101 ¦ 100001 →　　B': 1010101 ¦ 001010

设交叉概率 p_c=0.8，相邻的染色体两两配对，本例共产生 $n/2$=5 个随机数。

设产生的 5 个[0,1]之间的随机数为 0.3268，0.9616，0.9808，0.3317 和 0.9325。

可知第 1 个和第 4 个随机数小于 0.8，则对应的 1#和 2#染色体，7#和 8#染色体进行交叉。

设对 1#和 2#染色体产生的随机整数为 11，则两者交换第 11 个数码以后的位串：

1#: 00101011111|110011010000101　　00101011111|0010100010110010

2#: 00000101110|0010100010110010　　00000101110|110011010000101

设对 7#和 8#染色体产生的随机整数为 1，则两者交换第 1 个数码以后的位串：

7#: 0|010101111111001101 0000101　　0|1011100001111001011100100

8#: 1|1011100001111001011100100 →　1|010101111111001101 0000101

交叉后的得到种群为：

$$
\begin{bmatrix}
0010101111110010100010110010 \\
0000010111011001101 0000101 \\
0000010111000101001 0110010 \\
0011101110101010100010010100 \\
0000010111000101001 0110010 \\
1100010110010010110111 1000 \\
0101110000111100101110 0100 \\
1010101111111001101 0000101 \\
1100010110010010110111 1000 \\
0000010111000101001 0110010
\end{bmatrix}
$$

（7）变异操作

采用基本位变异。对种群中的所有基因都产生一个[0, 1]之间的随机数，如果某基因对应的随机数小于变异概率，则对该基因进行变异，0 变为 1，1 变为 0。示意如下：

A: 0100110 0 01010　　　　A': 0100110 1 01010

设本代产生的随机数，使得以下基因变异：2#染色体的第 7 位基因，5#染色体的第 9 位基因，5#染色体的第 15 位基因，5#染色体的第 16 位基因，6#染色体的第 2 位基因，6#染色体的第 8 位基因，8#染色体的第 26 位基因，则变异后所得子群及其解码值与适应度值如表 11-6 所示。

表 11-6　变异后所得子群及其解码值与适应度值

染色体编号	二进制编码串	解码值		适应度值
		x_1	x_2	
1	00101011111001010010110010	−1.3459	0.6013	151.9525
2	00000111110110011010000101	−1.9225	−1.2134	2418.7082
3	00000101110001010010110010	−1.9560	0.6013	1048.5222
4	00111011101010100010010100	−1.0934	−0.9499	464.6364
5	00000101010001100010110010	−1.9640	1.1134	761.6674
6	10000100100100101101111000	0.0733	−0.5798	35.1033
7	01011100001111001011100100	−0.5723	0.3703	2.6549
8	10101011111100101010000100	0.0733	−0.5798	292.2526
9	11000101100100101101111000	−0.5723	0.3703	331.0523
10	00000101110001010010110010	0.7038	−1.2139	1048.5222

变异后得到的最优个体（2#）适应度值为 2418.7082，比初始种群的最优值 1048.5222 进化了许多。

（8）精英保留策略

为了避免最优个体在遗传操作中被破坏，采用精英保留法，让当前找到的最优个体直接进入下一代。这里用每代的最后一个个体存储最优个体，最优个体参与选择、交叉和变异操作，但每种遗传操作后均用当前最优个体替换掉种群中的最后一个个体。

（9）结果

算法按上述过程循环迭代，迭代一定代数可得到优化解。该函数最优解为 x_1=−2.048，x_2=−2.048，对应最大值为 3905.9262，对应二进制串为[00000000000000000000000000]。还有一个极值为 x_1=2.048，x_2=−2.048，对应极大值为 3897.7342，二进制串为 [11111111111110000000000000]。由于采用的是简单遗传算子，多次运行，结果并不唯一，不一定每次都能得到最优解，但都能得到满意解。可通过调整有关参数或改进算法来提高寻优能力。

11.5　粒子群算法

11.5.1　引言

优化是科学研究、工程技术和经济管理等领域的重要研究课题。在生产计划、空置、故障诊断与重构等领域，许多实际问题可以归结为约束优化问题。因此，它一直受到人们的广泛重视并很快在很多领域得到迅速推广应用，如系统控制、计算机工程、生产调度、模式识别等。考虑到实际工程问题的复杂性、非线性、不确定性等问题，寻找更多的更好的优化算法就吸引了许多国内外专家学者的兴趣，从而许多新的优化算法就应时而出了。神经网络、混沌、禁忌算法、遗传算法、模拟退火、免疫算法、蚁群算法及其混合优化策略等，为解决复杂问题提供了新的手段和思路。近年来，群体智能技术越来越多的引起学者们的注意。粒子群算法就是其中之一。本节提出了一种改进的 PSO 算法，并对离线性能指标和在线性指标进行了研究，通过几个典型的算例，使用 MATLAB 仿真，验证了该算法的收敛性、有效性。

11.5.2　改进的 PSO 算法优化

粒子群优化算法是由 Eberhart 和 Kennedy 发明的一种全新的全局优化进化算法。该算法模拟鸟群的捕食行为。设想这样一个场景：一群鸟在随机搜索食物。在这个区域里只有一块食物。所有的鸟都不知道食物在那里。但是它们知道当前的位置离食物还有多远。那么找到食物的最优策略是什么呢。最简单有效的就是搜寻目前离食物最近的鸟的周围区域。

PSO 从这种模型中得到启示并用于解决优化问题。PSO 中，每个优化问题的解都是搜索空间中的一只鸟。我们称之为"粒子"。每个粒子代表解空间的一个候选解，解的优劣程度由被优化的函数决定的适应值决定，每个粒子还有一个速度决定它们飞翔的方向和距离。然后粒子们就追随当前的最优粒子在解空间中搜索。

PSO 初始化为一群随机粒子（随机解），速度 $v_i = (v_{i1}, v_{i2}, \cdots, v_{id})$ 决定粒子在搜索空间单位迭代次数位移，其中第 i 个粒子在 d 维解空间的位置表示为 $x_i = (x_{i1}, x_{i2}, \cdots, x_{id})$。然后通过叠代找到最优解。在每一次迭代中，粒子通过动态跟踪两个"极值"来更新其速度和位置。第一个就是粒子本身所找到的最优解。这个解叫作个体极值 $pBest$，另一个极值是整个种群目前找到的最优解。这个极值是全局极值 $gBest$。另外也可以不用整个种群而只是用其中一部分作为粒子的邻居，那么在所有邻居中的极值就是局部极值。粒子在找到上述两个极值后，就根据如下公式来更新其速度和位置：

$$V = w * V + c1 * r1 * (pBest - x) + c2 * r2 * (gBest - x) \tag{11-81}$$

$$x = x + V \tag{11-82}$$

其中，c_1、c_2 为学习因子，通常取 $c_1=c_2=2$，r_1、r_2 是均匀分布在 0 和 1 之间的随机数，w 是加权系数，取值在 0.1 和 0.9 之间。值得指出的是，如果取 $c_1=0$，则粒子没有自身经验，收敛快，但在处理复杂问题时易陷入局部最优点；如果取 $c_2=0$，则粒子无群体共享信息，个体间无交互，故得到解的概率非常小。

粒子在解空间内不断地跟踪个体极值和全局极值进行搜索，直到达到规定的误差标准或搜索次数为止。粒子每一维飞行的最大速度不能超过算法设定的最大速度 v_{max}，设置较大的 v_{max} 可以保证粒子种群的全局搜索能力，v_{max} 较小则粒子的局部搜索能力加强。由于在搜索过程中有时会出现粒子在全局最优解附近出现"振荡"现象，为避免此问题，可以进行如下改进：随迭代次数增加，速度更新公式中的加权因子 w 由最大因子 w_{max} 线性减小到最小加权因子 w_{min}。即

$$w = w_{max} - iter \times \frac{w_{max} - w_{min}}{iter_{max}} \tag{11-83}$$

其中 $iter$ 为当前迭代次数，$iter_{max}$ 为总的迭代次数。

粒子群优化算法的实现一般经过如下几个步骤：

（1）初始化群体规模为 n 的微粒群，包括它们的位置和速度。

（2）计算每个粒子的适应值。

（3）对于每一粒子，将其适应值与自身所经历过的最好位置 $pBest$ 进行比较，如果较好，则将其作为当前的最好位置 $pBest$。

（4）对于每一粒子，将其适应值与全局所经历过的最好位置 $gBest$ 进行比较，如果较好，则将其作为当前群体的最好位置 $gBest$。

（5）根据式（11-81）、式（11-82）对粒子的速度和位置进行更新。

（6）判断是否达到终止条件，如果达到，则跳出，否则转（2）。

11.5.3　算法性能准则

目前，对于粒子优化算法的性能评价，还没有统一的标准。由于粒子群优化算法和遗传算法有很多相似之处，一般将两个定量分析遗传算法的测度引入粒子群优化算法。其中在线性能测试动态特性，离线性能测试收敛性。

（1）在线性能评估准则

定义 1　设 $X_e(s)$ 为环境 e 下策略 s 的在线性能，$f_e(t)$ 为时刻 t 或第 t 代中相应于环境 e 的目标函数或平均适应度函数，则 $X_e(s)$ 可以表示为：

$$X_e(s) = \frac{1}{T}\sum_{t=1}^{T} f_e(t) \tag{11-84}$$

上式表明，如果在线性能用平均适应度表示，则通过简单计算从第一代到当前代的各代平均适应值对世代数的平均值即可获得在线性能。式（11-84）中 $f_e(t)$ 为各代的平均适应度。

（2）离线性能评估准则

定义 2　设 $X_e^*(s)$ 为环境 e 下策略 s 的离线性能，则有

$$X_e^*(s) = \frac{1}{T}\sum_{t=1}^{T} f_e^*(t) \tag{11-85}$$

其中，$f_e^*(t) = best\{f_e(1), f_e(2), \cdots, f_e(t)\}$。上式表明算法运行过程中每个进化代的最佳性能的累积平均。

（3）性能指标的实例计算

用该算法求解函数 $f(x) = \dfrac{\sin(1/x)}{(x-0.16)^2 + 0.1}, x \in (0,1)$ 的最大值，取得了满意的结果，算法运行多次，均收敛于全局最优解 0.1275，函数最大值为 19.8948。图 11-8 是函数 $f(x)$ 在 $(0,1)$ 上的特性曲线，图 11-6 分别是 PSO 算法求解 $f(x)$ 得到的离线性能曲线和在线性能曲线。各参数设置如下：种群数为 500，进化代数为 100，c1=c2=2，w_{max}=0.9，w_{min}=0.1。

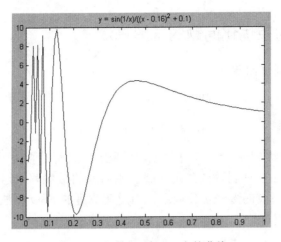

图 11-8　函数 $f(x)$ 在(0,1)上的曲线

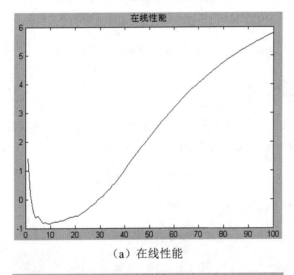

（a）在线性能

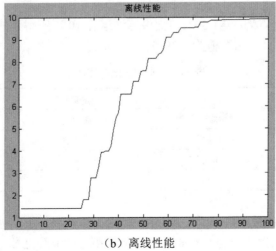

（b）离线性能

图 11-9　粒子群进化过程中的在线性能和离线性能

11.5.4　对于有约束优化问题的求解算法

考虑一般的约束优化问题：

$$\min_{x \in s} f(x)$$
$$s.t. \quad g_j(X) \leqslant 0, i = 1, \cdots, m \tag{11-86}$$

罚函数是在目标函数中加上一个惩罚项，以反映得到解是否位于约束集中。通过广义的目标函数。使得算法在惩罚项的作用下找到原问题的最优解。这样将一个有约束的优化问题转化成一个无约束的多峰优化问题。因此在改进的 PSO 算法中适应值函数修改为下式：

$$fitness_i = f(X) + f'(X)$$
$$其中：f'(X) = e^{g_j(X)} \tag{11-87}$$

再通过全局搜索的 PSO 算法"跳出局部最小"，最终收敛于全局最小。

11.5.5　优化问题应用

为检验算法的有效性，对以下两个问题进行测试，并于其他算法进行比较。各参数设置如下：种群数为 1000，进化代数为 100，$c1=c2=2$，wmax=0.9，wmin=0.1。

$$\min f(x) = (x_1 - 2)^2 + (x_2 - 1)^2$$
$$s.t. \quad x_1 - 2x_2 + 1 = 0$$
$$-\frac{x_1^2}{4} - x_2^2 + 1 \geqslant 0 \tag{11-88}$$
$$0 \leqslant x_1 \leqslant 10, \quad 0 \leqslant x_2 \leqslant 10$$

该问题的全局最优点为：f=1.3931，文中算法运行 10 次所得到的平均最优化函数值为 1.3936，所找到的最差目标函数值为 1.3937。

表 11-7　不同算法的比较

	得到的最好解		
	文中算法	自适应乘子算法	基因算法
x_1	0.82287	0.8228	0.808
x_2	0.911435	0.9112	0.88544
min（$f(x)$）	1.39347	1.3937	1.4339

从表 11-7 中列出的数据可以看出，改进的 PSO 算法要好于其他算法。同时还可以看出，粒子群算法与罚函数相结合，不要求目标函数和约束函数可微，具有较强的通用性，可以应用于一般约束问题的求解。

11.6　支持向量机

11.6.1　支持向量机简介

支持向量机（SVM）是 Vapnik 等人在 1995 年首先提出的一种在统计学习理论基础上发展起来的机器学习算法。由于 SVM 在解决小样本、非线性以及高维模式识别中表现出特有的优势，并能够推广到函数拟合等其他机器学习问题中，因此受到广泛的关注并且在多个领域中得到应用，比如文字识别、面部识别、基因分析等。SVM 是建立在统计学习理论的 VC 维理论和结构风险最小原理基础上的，通过寻求结构化风险最小来提高学习机泛化能力，实现经验风险和置信范围的最小化，从而达到在训练样本较少的情况下，依然能获得良好模型的目的。它的基本模型是定义在特征空间上间隔最大化的线性分类器，可形式化为一个求解凸二次规划问题，对于非线性分类，支持向量机采用核函数技巧把非线性低维空间映射到高维空间从而实现线性化。

11.6.2　线性分类器

二分类问题的分类通常按照一个实值映射函数 $f : X \subseteq R^n \rightarrow R$ 这样的方式操作，当 $f(x) \geq 0$ 时，输入 $x = (x_1, x_2, \cdots, x_n)'$ 赋予正类标签，否则赋予负类标签。考虑当 $f(x)$，$x \in X$ 是线性函数的情况下，$f(x)$ 可以写为：

$$f(\mathrm{x}) = \langle w \cdot x \rangle + b$$
$$= \sum_{i=1}^{n} w_i x_i + b \tag{11-89}$$

这里 $(w, b) \in R^n \times R$ 是控制函数的参数，$\langle \cdot \rangle$ 表示两个向量的内积，决策函数为 $\mathrm{sgn}(f(x))$，按照惯例 $\mathrm{sgn}(0) = 1$。支持向量机的学习过程是从给定样本中学习到这些参数。分类函数的几何解释如图 11-10 所示。

图中 $\langle w \cdot x \rangle + b = 0$ 定义的超平面将输入空间 X 分为两个部分，超平面是维数为 $n-1$ 的仿射子空间，将空间分为两部分分别对应输入中的两个类别，在图中对应着上部分的正区域和下部分的负区域。参数 w 和 b 称为权重向量和偏置，如果想要表达 R^n 中所有可能超平面，需要通过对输入样本的学习得到 $n+1$ 个参数。

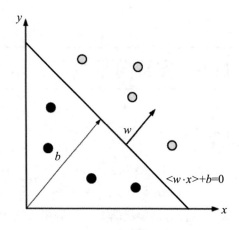

图 11-10　二维训练集的分类超平面

在理解监督学习问题前，首先介绍一些下面要用到的符号，比如输入、输出、训练集，等等。

定义：一般使用 X 表示输入空间，Y 表示输出域。通常 X 属于 n 维向量空间，对于二分类问题，$Y=\{-1,1\}$；对于多分类问题，$Y=\{1,2,\cdots,m\}$。训练集是训练样本的集合，通常表示为：

$$S = ((x_1, y_1), \cdots, (x_l, y_l)) \subseteq (X \times Y)^l \tag{11-90}$$

其中，l 是训练样本数量，x_l 表示样例，y_l 是它们相对应的标签。

接下来，我们将从数学角度理解支持向量机如何从输入样本学习得到超平面的参数 w 和 b。给定一组线性可分训练样本

$$S = ((x_1, y_1), \cdots, (x_l, y_l)) \tag{11-91}$$

超平面 (w, b) 通过求解优化问题

$$\begin{aligned}
\min \quad & \langle w \cdot w \rangle, \\
s.t. \quad & y_i(\langle w \cdot x_i \rangle + b) \geqslant 1, \\
& i = 1, \cdots, l
\end{aligned} \tag{11-92}$$

来实现间隔最大化的分类。我们现在将上面所提到的优化问题转化为其对偶问题，它的拉格朗日函数可以表示为：

$$L(w, b, \alpha) = \frac{1}{2} \langle w \cdot w \rangle - \sum_{i=1}^{l} \alpha_i [y_i(\langle w \cdot x_i \rangle + b) - 1] \tag{11-93}$$

其中 $\alpha_i \geqslant 0$ 是拉格朗日乘子，现在，我们对上面拉格朗日函数分别求取对参数 w 和 b

的微分可以得到：

$$\frac{\partial L(w,b,\alpha)}{\partial w} = w - \sum_{i=1}^{l} y_i \alpha_i x_i = 0$$

$$\frac{\partial L(w,b,\alpha)}{\partial b} = \sum_{i=1}^{l} y_i \alpha_i = 0$$

（11-94）

然后将所得到的结果：

$$w = \sum_{i=1}^{l} y_i \alpha_i x_i$$

$$0 = \sum_{i=1}^{l} y_i \alpha_i$$

（11-95）

再次带入到原拉格朗日函数得到：

$$L(w,b,\alpha) = \frac{1}{2}\langle w \cdot w \rangle - \sum_{i=1}^{l} \alpha_i[y_i(\langle w \cdot x_i \rangle + b) - 1]$$

$$= \frac{1}{2}\sum_{i,j=1}^{l} y_i y_j \alpha_i \alpha_j \langle x_i \cdot x_j \rangle - \sum_{i,j=1}^{l} y_i y_j \alpha_i \alpha_j \langle x_i \cdot x_j \rangle + \sum_{i=1}^{l} \alpha_i$$

$$= \sum_{i=1}^{l} \alpha_i - \frac{1}{2}\sum_{i,j=1}^{l} y_i y_j \alpha_i \alpha_j \langle x_i \cdot x_j \rangle$$

（11-96）

现在，拉格朗日函数只剩下参数 $\alpha_i\ i = 1,...,l$。如果给定一组线性可分训练样本：

$$S = ((x_1, y_1),...,(x_l, y_l))$$

（11-97）

假设参数 α^* 是下面二次规划问题的最优解：

$$\max \quad W(\alpha) = \sum_{i=1}^{l} \alpha_i - \frac{1}{2}\sum_{i,j=1}^{l} y_i y_j \alpha_i \alpha_j \langle x_i \cdot x_j \rangle$$

（11-98）

$$s.t. \quad \sum_{i=1}^{l} y_i \alpha_i = 0$$

$$\alpha_i \geqslant 0, i = 1,\cdots,l$$

那么，权重向量：

$$w = \sum_{i=1}^{l} y_i \alpha_i^* x_i$$

（11-99）

即最大间隔超平面的解，b 的最优解为：

$$b^* = -\frac{\max_{y_i=-1}(\langle w^* \cdot x_i \rangle) + \min_{y_i=1}(\langle w^* \cdot x_i \rangle)}{2} \tag{11-100}$$

至此，对于线性可分训练样本，通过学习可以得到最大间隔超平面实现样本分类。

11.6.3　核函数特征空间

现实世界复杂的应用需要有比线性函数更富有表达能力的空间，换言之，就是现实中应用通常不是简单的线性函数，对于非线性问题，核函数表示方法提供了一条解决途径，即将样本数据映射到高维特征空间来增加线性分类器的学习能力，而线性学习器的对偶表达方式使得核函数的应用成为可能。

本节将介绍核函数，它为支持向量机提供了一个重要的构成模块。从 11.6.2 节中我们观察到用对偶形式表示学习器的优势在于训练样本不会独立出现，总是以成对样本的内积形式出现，通过选择使用恰当的核函数来代替内积，可以隐式地将训练数据非线性映射到特征空间，而不增加可调参数的个数，当然前提是核函数能够计算对应两个输入向量的内积。

对于输入空间 X 里面的元素 x，给定一个映射函数：

$$x = (x_1, \cdots, x_n) \rightarrow \phi(x) = (\phi_1(x), \cdots, \phi_N(x)) \tag{11-101}$$

将输入空间 X 映射到一个新的空间即 $F = \{\phi(x) : x \in X)$，空间 F 又称特征空间。

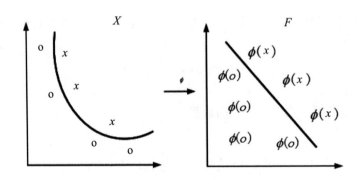

图 11-11　向量特征映射

图 11-11 展示了样本从二维输入空间映射到特征空间，在输入空间样本不能通过线性函数分开，但在特征空间是可以的。

为了用线性学习器学习一个非线性关系，需要选择一个非线性样本，并且将数据写成新的表达形式，应用一个固定的非线性映射，将数据映射到特征空间，在特征空间中使用线性学习器。因此，考虑这种类型的函数：

$$f(x) = \sum_{i=1}^{n} w_i \phi_i(x) + b \tag{11-102}$$

其中，$\phi : X \to F$ 是从输入空间到特征空间的映射。这意味着建立非线性学习器分为两步首先使用一个非线性映射将数据映射到特征空间，然后使用线性学习器在特征空间进行学习分类。

将式（11-99）带入（11-102），我们可以得到：

$$f(x)=\sum_{i=1}^{l} \alpha_i y_i \langle \phi(x_i) \cdot \phi(x) \rangle + b \tag{11-103}$$

如果有一种方式可以在特征空间中直接计算内积 $\langle \phi(x_i) \cdot \phi(x) \rangle$，就像在原始输入空间中的函数一样，就能将两个步骤融合到一起建立一个非线性学习器。这样直接计算的方法称为核函数方法。如果一个函数 K，对所有 $x, z \in X$，满足：

$$K(x,z) = \langle \phi(x) \cdot \phi(z) \rangle \tag{11-104}$$

则 K 可以称为核函数。一旦有了这个函数，决策规则可以通过对核函数的 l 次计算得到：

$$f(x)=\sum_{i=1}^{l} \alpha_i y_i K(x_i,x) + b \tag{11-105}$$

通常使用到的核函数有：

1. 线性核函数：$K(x,z) = x \cdot z$
2. 多项式核函数：$K(x,z) = (x \cdot z)^p$
3. 径向基核函数：$K(x,z) = \exp[-\gamma \|x-z\|^2]$
4. Sigmoid 核函数：$K(x,z) = \tan h(kx \cdot z + \theta)$

通过核函数的使用，二次规划问题（11-98）可以表示为：

$$
\begin{aligned}
\max \quad & W(\alpha) = \sum_{i=1}^{l} \alpha_i - \frac{1}{2} \sum_{i,j=1}^{l} y_i y_j \alpha_i \alpha_j K(x_i, x_j) \\
s.t. \quad & \sum_{i=1}^{l} y_i \alpha_i = 0 \\
& \alpha_i \geq 0, i = 1,\dots,l
\end{aligned}
\tag{11-106}
$$

通过对二次规划问题的求解得到 (α_i^*, b^*)，那么决策规则由 $\mathrm{sgn}(f(x))$ 给出，其中：

$$f(x)=\sum_{i=1}^{l} \alpha_i^* y_i K(x_i,x) + b^* \tag{11-107}$$

11.6.4　软间隔优化问题

间隔最大化分类作为起点，是分析和构建支持向量机的一个重要内容，但是对于许多真实世界的问题不能使用，比如说如果训练样本数据中有许多噪音数据，在这种情况下，特征空间中也不会线性可分，这样优化问题就没有最优解。

回顾最初的优化问题（11-92），为了优化间隔松弛向量，我们需要引入松弛变量 ξ 来允许间隔约束条件可以被违背：

$$
\begin{aligned}
s.t. \quad & y_i(\langle w \cdot x_i \rangle + b) \geq 1 - \xi_i \\
& \xi_i \geq 0, \ i = 1, \cdots, l
\end{aligned}
\tag{11-108}
$$

那么，优化问题（11-92）可以写成：

$$
\begin{aligned}
\min \quad & \langle w \cdot w \rangle + C \sum_{i=1}^{l} \xi_i \\
s.t. \quad & y_i(\langle w \cdot x_i \rangle + b) \geq 1 - \xi_i \\
& \xi_i \geq 0, \ i = 1, \cdots, l,
\end{aligned}
\tag{11-109}
$$

其中，C 为惩罚因子，C 的值表示对违背样本的容忍度。

通过对（11-109）对偶问题的求解，我们得到其对偶优化问题：

$$
\begin{aligned}
\min \quad & W(\alpha) = \sum_{i=1}^{l} \alpha_i - \frac{1}{2} \sum_{i,j=1}^{l} y_i y_j \alpha_i \alpha_j K(x_i, x_j) \\
s.t. \quad & \sum_{i=1}^{l} y_i \alpha_i = 0 \\
& C \geq \alpha_i \geq 0, i = 1, \cdots, l
\end{aligned}
\tag{11-110}
$$

通过对二次规划问题的求解得到 (α_i^*, b^*)，那么决策规则由 $\mathrm{sgn}(f(x))$ 给出，其中：

$$
f(x) = \sum_{i=1}^{l} \alpha_i^* y_i K(x_i, x) + b^*
\tag{11-111}
$$

11.6.5 支持向量机的多类别分类

在现实应用中，往往需要对多种类进行分类，而支持向量机是一种典型的二分类器，它只判别样本是属于正类还是负类，要解决多类别分类问题，往往通过使用多个二分类器进行组合来实现。

常用的组合方法有"一类对其余"和"一类对一类"。"一类对其余"就是每次仍然求解一个二分类问题，在多个类别中选出一类单独作为一个类别，而其他所有类作为一个类别，依此类推，对 N 种类别分类，需要 N 个二分类器。"一类对一类"就是将一个类别与其余所有类别一对一依次进行分类，如此下去，对 N 种类别分类，需要 $(N(N-1))/2$ 个二分类器。两种方法各有优缺点，往往视情况而选择。

11.6.6　支持向量机的 MATLAB 应用

LIBSVM 是台湾大学林智仁教授等开发的支持向量机应用软件包，LIBSVM 拥有 C、Java、MATLAB 以及 Python 等语言版本，软件包的获取和使用方法请参考林智仁先生主页 LIBSVM——A Library for Support Vector Machines。LIBSVM 是一个整合了支持向量分类（C-SVC, nu-SVC），支持向量回归（epsion-SVR, nu-SVR），分布估计（one-class SVM）和支持多类别分类的工具包。工具包提供了一个简单的界面可以让用户连接到自己的项目，LIBSVM 主要特征包括：

（1）不同的 SVM 形式。

（2）有效的多类别分类。

（3）多个核函数使用。

（4）用于模型选择的交叉认证。

（5）多种编译语言的使用。

LIBSVM 工具包的使用可以有效解决实际中应用碰到的问题，有大量应用实例可供参考，避免去理解大量的数学理论推导。

参考文献

[1] 朱福喜. 人工智能基础教程[M]. 北京：清华大学出版社，2011.

[2] 张子红. 乐学电子技术（DIY 传感器玩 mBlock）[M]. 北京：清华大学出版社，2020.

[3] 周迎春. AI 机器人创意搭建与 mBlock 5 慧编程[M]. 北京：人民邮电出版社，2020.

[4] 阿米尔·齐亚约，著. 张旭，袁芳，姚兆林，译. 脑机接口（电路与系统）[M]. 北京：机械工业出版社，2020.

[5] 拉杰什 P.N.拉奥，著. 张莉，陈民铀，译. 脑机接口导论[M]. 北京：机械工业出版社，2016.

[6] 焦李成.神经网络系统理论[M]. 西安：西安电子科技大学出版社，1990.

[7] 李国勇.智能控制及其 MATLAB 实现[M]. 北京：电子工业出版社出版，2005.

[8] 飞思科技产品研发中心.神经网络理论与 MATLAB7 实现[M]. 北京：电子工业出版，2005.

[9] 周继成等. 人工神经网络[M]. 北京：科学普及出版社，1989.

[10] 史忠植. 神经计算[M]. 北京：电子工业出版社，1990.

[11] Serge T, Louis R, Tomas V. Artificial neural network for flexible manufacturing system scheduling [J]. Computer & Industrial Engineering, 1993, 25(1-4):385-388.

[12] Kirkpatrick S, Gelett C D, Veechi M P. Optimization by simulated annealing[J]. Science, 1983, 220:671-680.

[13] 田澎，杨自厚，张嗣瀛. 一类非线性规划的模拟退火求解. 控制与决策，1994,9(3): 173-177.

[14] 周明，孙树栋. 遗传算法原理及应用[M]. 北京：国防工业出版社.1999.

[15] 姜宏伟，王耕，王永林，等. 计算机辅助电机设计[M]. 北京：中国电力出版社，2009.

[16] 王凌. 智能优化算法及其应用[M]. 北京：清华大学出版社，2001.

[17] Kennedy J, Eberhart R. Particle swarm optimization [C]. IEEE International Conference on Neural Networks, Perth, Australia,1995: 1942-1948.

[18] 候志荣,吕振肃. 基于MATLB 的粒子群优化算法及其应用[J]. 计算机仿真,2003, 10:68-70.

[19] 张春慨，邵惠鹤. 自适应乘子算法在工程优化问题中的应用[J]. 控制与决策，2001, 16(6):669-672.

[20] Gen M, Cheng R. Genetic algorithm and engineering design [M]. New York: John Wiley, 1996.

[21] 李国正，王猛，曾华军. 支持向量机导论[M]. 电子工业出版社，2004.

[22] Chang C, Lin C. LIBSVM : a library for support vector machines. ACM Transactions on Intelligent Systems and Technology, 2011, 2: 27.